电路设计与制作实用教程

（Altium Designer 版）

董　磊　陈　昕　彭芷晴　林超文　编著

汪天富　主审

U0291294

電子工業出版社·

Publishing House of Electronics Industry

北京·BEIJING

内 容 简 介

本书以 Altium 公司的开发软件 Altium Designer 15 为平台，以本书配套的 STM32 核心板为实践载体，对电路设计与制作的全过程进行讲解。主要包括 STM32 核心板程序下载与验证、STM32 核心板焊接、Altium Designer 软件介绍、STM32 核心板的原理图设计及 PCB 设计、创建元器件库、输出生产文件以及制作电路板等。本书所有知识点均围绕着 STM32 核心板，希望读者通过对本书的学习，能够快速设计并制作出一块属于自己的电路板，同时掌握电路设计与制作过程中涉及的所有基本技能。

本书既可以作为高等院校相关专业的电路设计与制作实践课程教材，也可作为电路设计及相关行业工程技术人员的入门培训用书。

图书在版编目（CIP）数据

电路设计与制作实用教程：Altium Designer 版/董磊等编著 .—北京：电子工业出版社，2019.1（2025.1 重印）
ISBN 978-7-121-34411-4

Ⅰ. ①电… Ⅱ. ①董… Ⅲ. ①印刷电路-计算机辅助设计-应用软件-高等学校-教材 Ⅳ. ①TN410.2

中国版本图书馆 CIP 数据核字（2018）第 124254 号

策划编辑：张小乐
责任编辑：张小乐
印　　刷：北京雁林吉兆印刷有限公司
装　　订：北京雁林吉兆印刷有限公司
出版发行：电子工业出版社
　　　　　北京市海淀区万寿路 173 信箱　邮编 100036
开　　本：787×1 092　1/16　印张：14.75　字数：378 千字
版　　次：2019 年 1 月第 1 版
印　　次：2025 年 1 月第 12 次印刷
定　　价：45.00 元

凡所购买电子工业出版社图书有缺损问题，请向购买书店调换。若书店售缺，请与本社发行部联系，联系及邮购电话：(010) 88254888，88258888。

质量投诉请发邮件至 zlts@ phei. com. cn，盗版侵权举报请发邮件至 dbqq@ phei. com. cn。

本书咨询服务方式：(010) 88254462，zhxl@ phei. com. cn

前　　言

电路设计与制作是一个非常系统且复杂的工作，涉及原理图设计、PCB 设计、元器件库制作、PCB 打样、元器件采购、电路板焊接、电路板调试等技能。单个技能比较容易讲清楚，初学者也容易掌握。"麻雀虽小五脏俱全"，即使一个简单的电路板，要想完成设计与制作，都必须掌握所有这些技能，并且能将这些技能合理有效地贯通始终。

对于初学者而言，为了设计和制作一块电路板，常用的方式就是查阅电路设计与制作相关的书籍。然而，目前许多电路设计与制作相关的书籍都按照模块的方式来讲解，且每个模块之间缺乏一定的连贯性。例如，原理图绘制部分讲解的是三极管电路，PCB 设计部分讲解的却是七段数码管电路，而生产文件输出部分讲解的又是单片机电路。这些书籍之所以这样安排，或许是希望覆盖所有的知识和技能，然而这样却使得内容只聚焦局部而忽略全局。此外，鲜有书籍会涉及电路板焊接、元器件采购和 PCB 制作等具有较强实践性的环节。

因此，初学者在一边查阅相关书籍一边进行实际电路设计与制作的过程中，常常会出现"按下葫芦起了瓢"的现象。例如，会绘制原理图，却不知道如何将设计好的原理图导入PCB 文件中；好不容易设计好了 PCB，却不知道如何生成光绘文件和坐标文件；生产文件搞定了，却又不知道发到哪家打样厂进行 PCB 打样；电路板拿到手了又对元器件采购不熟悉……而且由于书中较少涉及电烙铁操作、元器件焊接、电路板调试、万用表使用等方面的技能，初学者拿到电路板之后，也不知道如何下手。

据统计，全国大学生每年约有 20% 的本科生和专科生会继续读研，约有 10% 的硕士研究生会继续攻读博士学位，也就是说，绝大多数学生最终都会选择就业。为了提高高等院校就业率和就业质量，按照企业的标准培养人才不失为一条有效途径。企业除重视实践外，还非常重视规范，但是诸如库规范、原理图设计规范、PCB 设计规范、生产文件规范等通常都被我们忽略了。

为了解决上述问题，本书将通过对 STM32 核心板下载与验证、元器件采购、STM32 核心板焊接、STM32 核心板原理图设计及 PCB 设计、创建元器件库、输出生产文件以及制作电路板等知识的讲解，让初学者在短时间内对电路设计与制作的整个过程有一个立体的认识，最终让初学者能够独立地进行简单电路的设计与制作。同时，在实训过程中，本书还对各种规范进行重点讲解。本书在编写过程中，遵循小而精的理念，只重点讲解 STM32 核心板电路设计与制作过程中使用到的技能和知识点，未涉及的内容尽量省略。

本书主要具有以下特点：

（1）以一块微控制器的核心板作为实践载体，微控制器选取了 STM32F103RCT6，主要是考虑到 STM32 系列单片机是目前市面上使用最为广泛的微控制器之一，且该系列的单片机具有功耗低、外设多、基于库开发、配套资料多、开发板种类多等优势。因此，读者最终完成 STM32 核心板的设计与制作之后，还可以无缝地将其应用于后续的单片机软件设计中。

（2）用一个 STM32 核心板贯穿整个电路板设计与制作的过程，将所有关键技能有效、合理地串接在一起。这些技能包括元器件采购、STM32 核心板焊接、STM32 核心板原理图设计及 PCB 设计、制作元器件库、输出生产文件、制作电路板等。

（3）细致讲解 STM32 核心板电路设计与制作过程中使用到的技能，未涉及的技能几乎不予讲解。这样，初学者就可以快速掌握电路设计与制作的基本技能，并设计出一块属于自己的 STM32 核心板。

（4）对具有较强实践性的环节，如电路板焊接、元器件采购、PCB 打样、PCB 贴片、工具使用、电路板调试等电路板制作环节进行详细讲解。

（5）将各种规范贯穿于整个电路板设计与制作的过程中，如软件参数设置、工程和文件命名规范、版本规范、各种库（如原理图库、PCB 库、3D 库、集成库）的设计规范、BOM 单格式规范、光绘文件输出规范、坐标文件输出规范、物料编号规范等。

（6）配有完整的资料包，包括各种库（如原理图库、PCB 库、3D 库、集成库）的源文件、元器件数据手册、PDF 版本原理图、PPT 讲义、软件、嵌入式工程、视频教程等。下载地址可关注并查看微信公众号"卓越工程师培养系列"。

鱼与熊掌不可兼得，诸如多层板电路设计、自动布局、差分对布线、电路仿真等内容均未出现在本书中，如果需要学习这些技能，建议读者查阅其他书籍或者在网上搜索相关资料。

本书的编写得到了深圳市立创商城杨林杰、张银莹、杨希文的大力支持；深圳大学的黄于钰、陈杰、覃进宇、郭文波、刘宇林、曹康养在校对、视频录制中做了大量的工作；本书的出版得到了电子工业出版社的鼎力支持，张小乐编辑为本书的顺利出版做了大量的工作。一并向他们表示衷心的感谢。

由于作者水平有限，书中难免有错误和不足之处，敬请读者不吝赐教。

作　者
2018 年 6 月

目　录

第 1 章　基于 STM32 核心板的电路设计与制作流程

电路设计与制作是每个电子相关专业，如电子信息工程、光电工程、自动化、电子科学与技术、生物医学工程、医疗器械工程等，必须掌握的技能。本章将详细介绍基于 STM32 核心板的电路设计与制作流程，让读者先对电路设计与制作的过程有一个总体的认识。由于本书在讲解电路设计与制作技能时，既包含电路设计的软件操作部分，又包含电路制作实战环节，因此，为方便读者学习和实践，本书还配套有相关的资料包和开发套件。本章的最后两节将对资料包和开发套件进行简单的介绍。

学习目标：

➢ 了解什么是 STM32 核心板。
➢ 了解 STM32 核心板的设计与制作流程。
➢ 熟悉本书配套资料包的构成。
➢ 熟悉本书配套开发套件的构成。

 ## 1.1　什么是 STM32 核心板

本书将以 STM32 核心板为载体对电路设计与制作过程进行详细讲解。那么，到底什么是 STM32 核心板？

STM32 核心板是由通信-下载模块接口电路、电源转换电路、JTAG/SWD 调试接口电路、独立按键电路、OLED 显示屏接口电路、高速外部晶振电路、低速外部晶振电路、LED 电路、STM32 微控制器电路、复位电路和外扩引脚电路组成的电路板。

STM32 核心板正面视图如图 1-1 所示，其中 J4 为通信-下载模块接口（XH-6P 母座），J8 为 JTAG/SWD 调试接口（简牛），J7 为 OLED 显示屏接口（单排 7P 母座），J6 为 BOOT0 电平选择接口（默认为不接跳线帽），RST（白头按键）为 STM32 系统复位按键，PWR（红色 LED）为电源指示灯，LED1（蓝色 LED）和 LED2（绿色 LED）为信号指示灯，KEY1、KEY2、KEY3 为普通按键（按下为低电平，释放为高电平），J1、J2、J3 为外扩引脚。

STM32 核心板背面视图如图 1-2 所示，背面除直插件的引脚名称丝印外，还印有电路板的名称、版本号、设计日期和信息框。

STM32 核心板要正常工作，还需要搭配一套 JTAG/SWD 仿真-下载器、一套通信-下载模块和一块 OLED 显示屏。仿真-下载器既能下载程序，又能进行断点调试，本书建议使用 ST 公司推出的 ST-Link 仿真-下载器。通信-下载模块主要用于计算机与 STM32 之间的串口通信，当然，该模块也可以对 STM32 进行程序下载。OLED 显示屏则用于显示参数。STM32 核心板、通信-下载模块、JTAG/SWD 仿真-下载器、OLED 显示屏的连接图如图 1-3 所示。

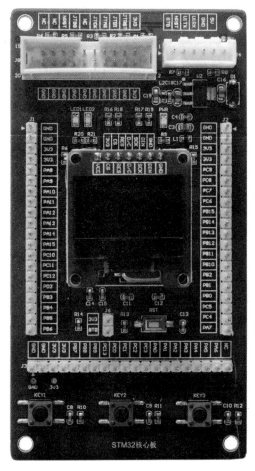

图 1-1　STM32 核心板正面　　　　　　　　　图 1-2　STM32 核心板背面

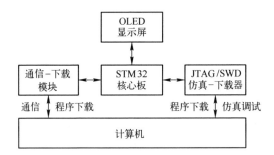

图 1-3　STM32 核心板正常工作时的连接图

1.2　为什么选择 STM32 核心板

　　作为电路设计与制作的载体，有很多电路板可以选择，本书选择 STM32 核心板作为载体的主要原因有以下几点：

　　（1）核心板包括电源电路、数字电路、下载电路、晶振电路、模拟电路、接口电路、

I/O 外扩电路、简单外设电路等基本且必须掌握的电路。这符合本书"小而精"的理念，即电路虽不复杂，但基本上覆盖了各种常用的电路。

（2）STM32 系列单片机的片上资源极其丰富，又是基于库开发的，可采用 C 语言进行编程，资料非常多，性价比高，这些优点也使 STM32 系列单片机成为目前市面上最流行的微控制器之一。初学者只需要花费与学习 51 单片机基本相同的时间就能掌握比 51 单片机功能强大数倍甚至数十倍的 STM32 系列单片机。

（3）STM32F103RCT6 在 STM32 系列中属于引脚数量少（只有 64 个引脚），但功能较齐全的单片机。因此，尽管引入了单片机，但初学者在学习设计与制作 STM32 核心板的过程中并不会感到难度有所增加。

（4）STM32 核心板可以完成从初级入门实验（如流水灯、按键输入），到中级实验（定时器、串口通信、ADC 采样、DAC 输出），再到复杂实验（OLED 显示、UCOS 操作系统）等至少 20 个实验。这些实验基本能够代表 STM32 单片机开发的各类实验，为初学者后续快速掌握 STM32 单片机编程技术奠定了基础。

（5）由本书作者编写的《STM32F1 开发标准教程》也是基于 STM32 核心板的。因此，初学者可以直接使用自己设计和制作的 STM32 核心板，进入到 STM32 微控制器软件设计学习中，既能验证自己的核心板，又能充分利用已有资源。

 ## 1.3　电路设计与制作流程

传统的电路板设计与制作流程一般分为 8 个步骤：（1）需求分析；（2）电路仿真；（3）绘制原理图元器件库；（4）绘制原理图；（5）绘制元器件封装；（6）设计 PCB；（7）输出生产文件；（8）制作电路板。具体如表 1-1 所示。

表 1-1　传统电路设计与制作流程

步　骤	流　程	具　体　工　作
1	需求分析	按照需求，设计一个电路原理图
2	电路仿真	使用电路仿真软件，对设计好的电路原理图的一部分或全部进行仿真，验证其功能是否正确
3	绘制原理图元器件库	绘制电路中使用到的原理图元器件库
4	绘制原理图	加载原理图元器件库，在 PCB 设计软件中绘制原理图，并进行电气规则检查
5	绘制元器件封装	绘制电路中使用到的元器件的 PCB 封装库
6	设计 PCB	将原理图导入 PCB 设计环境中，对电路板进行布局和布线
7	输出生产文件	输出生产相关的文件，包括 BOM、Gerber 文件、丝印文件及坐标文件
8	制作电路板	按照输出的文件进行电路板打样、贴片或焊接，并对电路板进行验证

这种传统流程主要针对已经熟练掌握电路板设计与制作各项技能的工程师。而对于初学者来说，要完全掌握这些技能，并最终设计制作出一块电路板，不仅需要有超强的耐力坚持到最后一步，更要有严谨的作风，保证每一步都不出错。

在传统流程的基础上，本书做了如下改进：（1）不求全面覆盖，比如对需求分析和电路仿真技能不做讲解；（2）增加了焊接部分，加强实践环节，让初学者对电路理解更加深刻；（3）所有内容的讲解都聚焦于一块 STM32 核心板；（4）每一步的执行都不依赖于其他步骤，比如，第一步就能进行电路板验证，又如，原理图设计过程可以使用现成的集成库而不用自己提前制作。

这样安排的好处是，每一步都能很容易获得成功，这种成就感会激发初学者内在的兴趣，从而由兴趣引导其迈向下一步；聚焦于一块 STM32 核心板，让所有的技能都能学以致用，并最终制作出一块 STM32 核心板。

本书以 STM32 核心板为载体，将电路设计与制作分为 9 个步骤，如表 1-2 所示，下面对各流程进行详细介绍。

表 1-2　本书电路设计与制作流程

步骤	流　　　程	具 体 工 作	章节
1	STM32 核心板程序下载与验证	向 STM32 核心板下载 HEX 格式的 Demo 程序，验证本书配套的核心板是否能正常工作	第 3 章
2	准备物料和工具	准备焊接相关的工具，以及 STM32 核心板上使用到的电子元器件	第 10 章
3	焊接 STM32 核心板	以本书配套的 STM32 核心板空板为目标，使用焊接工具分步焊接电子元器件，边焊接边测试验证	第 4 章
4	安装 PCB 开发工具	安装并配置 Altium Designer 15 软件	第 5 章
5	设计 STM32 核心板原理图	参照本书提供的 PDF 格式的 STM32 核心板电路图，加载本书提供的集成库，在 Altium Designer 15 软件中绘制 STM32 核心板原理图	第 6 章
6	设计 STM32 核心板 PCB	将原理图导入 PCB 设计环境中，对 STM32 核心板电路进行布局和布线	第 7 章
7	创建 STM32 核心板元器件库	创建并生成 STM32 核心板使用到的电子元器件的集成库、原理图库和 PCB 库	第 8 章
8	输出生产文件	输出生产相关的文件，包括 BOM、Gerber 文件、丝印文件及坐标文件	第 9 章
9	制作 STM32 核心板	按照输出的文件进行 STM32 核心板打样和贴片，并对电路板进行验证	第 10 章

1. STM32 核心板程序下载与验证

这一步要求将开发套件中的 STM32 核心板、通信-下载模块、OLED 显示屏、USB 线、XH-6P 双端线等连接起来，并在计算机上使用 MCUISP 软件，将 HEX 文件下载到 STM32F103RCT6 芯片的 Flash 中，检查 STM32 核心板是否能够正常工作。通过这一流程可快速了解 STM32 核心板的构成及其基本工作方式。

2. 准备物料和工具

根据物料清单（也称 BOM）准备相应的元器件，根据工具清单准备相应的焊接工具，如电烙铁、万用表、焊锡、镊子和松香等。[①] 通过准备物料和工具，可初步认识元器件以及各种焊接工具和材料。

---

① 这些物料和焊接工具，读者可以自行根据提供的清单采购，也可以通过微信公众号"卓越工程师培养系列"提供的链接进行打包采购。

3. 焊接 STM32 核心板

利用开发套件提供的 3 块空电路板，以及第 2 步准备的物料和焊接工具，按照说明将元器件焊接到电路板上，边焊接边调试，可将第 1 步中连通的 STM32 核心板作为参考。通过这一步操作的训练，读者应掌握电路板焊接技能，熟练掌握电烙铁、镊子和万用表的使用。

4. 安装 PCB 开发工具

本书使用 Altium Designer 软件作为 PCB 开发工具，版本为 15.0.7。安装 Altium Designer 15 软件并进行配置。

5. 设计 STM32 核心板原理图

首先加载集成库（参见本书资料包中的 AltiumDesignerLib\IntLib 文件夹），然后参照 STM32 核心板原理图（参见本书资料包中的 PDFSchDoc 文件夹），使用 Altium Designer 软件绘制 STM32 核心板的原理图。

6. 设计 STM32 核心板 PCB

首先将 STM32 核心板原理图导入 PCB 设计环境中，然后对 STM32 核心板进行布局和布线。

7. 创建 STM32 核心板元器件库

第 7 步是创建 STM32 核心板元器件库，通过这一步骤首先了解如何创建一个集成库工程，然后向集成库工程添加原理图库工程及 PCB 库工程，最终生成集成库。

8. 输出生产文件

利用 Altium Designer 15 软件生成 PCB 生产文件，包括 BOM、Gerber 文件及坐标文件等。

9. 制作 STM32 核心板

STM32 核心板的制作包括 PCB 打样和贴片，可通过 PCB 加工企业的网站进行网上 PCB 打样下单以及贴片下单。

 # 1.4　本书配套资料包

本书配套资料包名称为"电路设计与制作实用教程（Altium Designer 版）资料包"（可以通过微信公众号"卓越工程师培养系列"提供的链接进行下载），为了与实践操作一致，建议将资料包复制到计算机的 D 盘下，地址即为"D:\电路设计与制作实用教程（Altium Designer 版）资料包"。

资料包由若干个文件夹组成，如表 1-3 所示。

表 1-3　本书配套资料包清单

序号	文 件 夹 名	文件夹介绍
1	AltiumDesignerLib	存放了 STM32 核心板所使用到的 3D 模型（3DLib）、集成库（IntLib）、PCB 库（PCBLib）、原理图库（SchLib）
2	Datasheet	存放了 STM32 核心板所使用到的元器件的数据手册，便于读者进行查阅
3	PDFSchDoc	存放了 STM32 核心板的 PDF 版本原理图
4	PPT	存放了各章的 PPT 讲义
5	ProjectStepByStep	存放了布线过程中各个关键步骤的 PCB 工程彩色图片以及原理图标题栏 Demo 文件

续表

序号	文件夹名	文件夹介绍
6	SoftWare	存放了本书中使用到的软件，如 AltiumDesigner15、MCUISP、SSCOM，以及驱动软件，如 CH340 驱动软件、ST-LINK 驱动软件
7	STM32KeilProject	存放了 STM32 核心板的嵌入式工程，基于 MDK 软件
8	Video	存放了本书配套的视频教程
9	RealTimeFiles	存放了实时更新的资料

1.5　本书配套开发套件

本书配套的 STM32 核心板开发套件（可以通过微信公众号"卓越工程师培养系列"提供的链接获取）由基础包、物料包、工具包组成。其中基础包包含 1 个通信-下载模块、1 块 STM32 核心板、2 条 Mini-USB 线、1 条 XH-6P 双端线、1 个 ST-Link 调试器、1 条 20P 灰排线、3 块 STM32 核心板的 PCB 空板，物料包有 3 套，工具包包含电烙铁、镊子、焊锡、万用表、松香、吸锡带，如表 1-4 所示。

表 1-4　STM32 开发套件物品清单

序号	物品名称	物品图片	数量	单位	备　注
1	通信-下载模块		1	个	用于单片机程序下载、单片机与计算机之间通信
2	STM32 核心板		1	块	电路设计与制作的最终实物，用于作为设计过程中的参考
3	Mini-USB 线		2	条	一条连接通信-下载模块，一条连接 ST-Link 调试器
4	XH-6P 双端线		1	条	一端连接通信-下载模块，一端连接 STM32 核心板
5	ST-Link 调试器		1	个	用于单片机的程序下载和调试

续表

序号	物品名称	物品图片	数量	单位	备　注
6	20P 灰排线		1	条	一端连接 ST-Link 调试器，一端连接 STM32 核心板
7	PCB 空板		3	块	用于焊接训练
8	物料包		3	套	用于焊接训练
9	电烙铁		1	套	用于焊接训练
10	镊子		1	个	用于焊接训练
11	焊锡		1	卷	用于焊接训练
12	万用表		1	台	用于进行焊接过程中的各项测试

续表

序号	物品名称	物品图片	数量	单位	备　　注
13	松香		1	盒	用于焊接训练
14	吸锡带		1	卷	用于焊接训练

 本章任务

　　学习完本章后，要求熟悉 STM32 核心板的电路设计与制作流程，并下载本书配套的资料包，准备好配套的开发套件。

****

 **本章习题**

　　1. 什么是 STM32 核心板？

　　2. 简述传统的电路设计与制作流程。

　　3. 简述本书提出的电路设计与制作流程。

　　4. 通信–下载模块的作用是什么？

　　5. JTAG/SWD 仿真–下载器的作用是什么？

　　6. 焊接电路板的工具都有哪些？简述每种工具的功能。

　　7. 万用表是进行焊接和调试电路板最常用的仪器，简述万用表的功能。

第 2 章　STM32 核心板介绍

第 1 章介绍了 STM32 核心板的设计与制作流程。本章进一步讲解 STM32 核心板的各个电路模块，并简要介绍可以在 STM32 核心板上开展的实验，从而，读者完成电路板的设计与制作之后，既能方便地继续学习 STM32 单片机，还可以对 STM32 核心板进行深层次的验证。

学习目标：

➢ 了解什么是 STM32 芯片。
➢ 了解 STM32 核心板的各个电路模块。

2.1　STM32 芯片介绍

在微控制器选型中，工程师常常会陷入这样一个困局：一方面抱怨 8 位/16 位单片机有限的指令和性能，另一方面抱怨 32 位处理器的高成本和高功耗。能否有效地解决这个问题，让工程师不必在性能、成本、功耗等因素中做出取舍和折中？

基于 ARM 公司 2006 年推出的 Cortex-M3 内核，ST 公司于 2007 年推出的 STM32 系列单片机很好地解决了上述问题。因为 Cortex-M3 内核的计算能力是 1.25DMIPS/MHz，而 ARM7TDMI 只有 0.95DMIPS/MHz。而且 STM32 单片机拥有 1μs 的双 12 位 ADC、4Mbit/s 的 UART、18Mbit/s 的 SPI、18MHz 的 I/O 翻转速度，更重要的是，STM32 单片机在 72MHz 工作时功耗只有 36mA（所有外设处于工作状态），而待机时功耗只有 2μA。[①]

由于 STM32 单片机拥有丰富的外设、强大的开发工具、易于上手的固件库，在 32 位微控制器选型中，STM32 单片机已经成为许多工程师的首选。据统计，从 2007 年到 2016 年，STM32 单片机出货量累计 20 亿颗，十年间 ST 公司在中国的市场份额从 2% 增长到 14%。iSuppli 的 2016 年下半年市场报告显示，STM32 单片机在中国 Cortex-M 市场的份额占到 45.8%。

尽管 STM32 单片机已经推出十余年，但它依然是市场上 32 位单片机的首选，而且经过十余年的积累，各种开发资料都非常完善，这也降低了初学者的学习难度。因此，本书选用 STM32 单片机作为载体，核心板上的主控芯片就是封装为 LQFP64 的 STM32F103RCT6 芯片，最高主频可达 72MHz。

STM32F103RCT6 芯片拥有的资源包括 48KB SRAM、256KB Flash、1 个 FSMC 接口、1 个 NVIC、1 个 EXTI（支持 19 个外部中断/事件请求）、2 个 DMA（支持 12 个通道）、1 个 RTC、2 个 16 位基本定时器、4 个 16 位通用定时器、2 个 16 位高级定时器、1 个独立看门狗、1 个窗口看门狗、1 个 24 位 SysTick、2 个 I²C、5 个串口（包括 3 个同步串口和 2 个异步串口）、3 个 SPI、2 个 I²S（与 SPI2 和 SPI3 复用）、1 个 SDIO 接口、1 个 CAN 总线接口、1 个 USB 接口、51 个通用 I/O 接口、3 个 12 位 ADC（可测量 16 个外部和 2 个内部信号源）、

---

①　通常 STM32 单片机工作在一定电压（5V）下，可用电流的大小表示其功耗。

2 个 12 位 DAC、1 个内置温度传感器、1 个串行 JTAG 调试接口。

STM32 系列单片机可以开发各种产品，如智能小车、无人机、电子体温枪、电子血压计、血糖仪、胎心多普勒、监护仪、呼吸机、智能楼宇控制系统、汽车控制系统等。

2.2　STM32 核心板电路简介

本节将详细介绍 STM32 核心板的各电路模块，以便读者更好地理解后续原理图设计和 PCB 设计的内容。

2.2.1　通信-下载模块接口电路

工程师编写完程序后，需要通过通信-下载模块将 .hex（或 .bin）文件下载到 STM32 中。通信-下载模块向上与计算机连接，向下与 STM32 核心板连接，通过计算机上的 STM32 下载工具（如 MCUISP），就可以将程序下载到 STM32 中。通信-下载模块除具备程序下载功能外，还担任着"通信员"的角色，即可以通过通信-下载模块实现计算机与 STM32 之间的通信。此外，通信-下载模块还为 STM32 核心板提供 5V 电压。需要注意的是，通信-下载模块既可以输出 5V 电压，也可以输出 3.3V 电压，本书中的实验均要求在 5V 电压环境下实现，因此，**在连接通信-下载模块与 STM32 时，需要将通信-下载模块的电源输出开关拨到 5V 挡位**。

STM32 核心板通过一个 XH-6P 的底座连接到通信-下载模块，通信-下载模块再通过 USB 线连接到计算机的 USB 接口，通信-下载模块接口电路如图 2-1 所示。STM32 核心板只要通过通信-下载模块连接到计算机，标识为 PWR 的红色 LED 就会处于点亮状态。R9 电阻起到限流的作用，防止红色 LED 被烧坏。

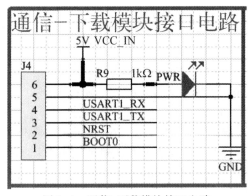

图 2-1　通信-下载模块接口电路

由图 2-1 可以看出，通信-下载模块接口电路总共有 6 个引脚，引脚说明如表 2-1 所示。

表 2-1　通信-下载模块接口电路引脚说明

引脚序号	引脚名称	引脚说明	备　注
1	BOOT0	启动模式选择 BOOT0	STM32 核心板 BOOT1 固定为低电平
2	NRST	STM32 复位	

引脚序号	引脚名称	引脚说明	备　注
3	USART1_TX	STM32 的 USART1 发送端	连接通信-下载模块的接收端
4	USART1_RX	STM32 的 USART1 接收端	连接通信-下载模块的发送端
5	GND	接地	
6	VCC_IN	电源输入	5V 供电，为 STM32 核心板提供电源

2.2.2　电源转换电路

图 2-2 所示为 STM32 核心板的电源转换电路，将 5V 输入电压转换为 3.3V 输出电压。通信-下载模块的 5V 电源与 STM32 核心板电路的 5V 电源网络相连接，二极管 VD1（SS210）的功能是防止 STM32 核心板向通信-下载模块反向供电，二极管上会产生约 0.4V 的正向电压差，因此，低压差线性稳压电源 U2（AMS1117-3.3 的）输入端（Vin）的电压并非为 5V，而是 4.6V 左右。经过低压差线性稳压电源的降压，在 U2 的输出端（Vout）产生 3.3V 的电压。为了调试方便，在电源转换电路上设计了 3 个测试点，分别是 5V、3V3 和 GND。

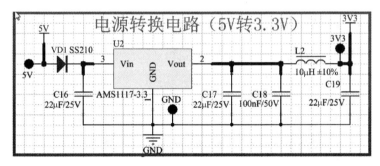

图 2-2　电源转换电路

2.2.3　JTAG/SWD 调试接口电路

除了可以使用上述通信-下载模块下载程序，还可以使用 JLINK 或 ST-Link 进行程序下载。JLINK 和 ST-Link 不仅可以下载程序，还可以对 STM32 微控制器进行在线调试。图 2-3 所示是 STM32 核心板的 JTAG/SWD 调试接口电路，这里采用了标准的 JTAG 接法，这种接法兼容 SWD 接口，因为 SWD 接口只需要 4 根线（SWCLK、SWDIO、VCC 和 GND）。需要注意的是，该接口电路为 JLINK 或 ST-Link 提供 3.3V 的电源，因此，不能通过 JLINK 或 ST-Link 向 STM32 核心板供电，而是通过 STM32 核心板向 JLINK 或 ST-Link 供电。

由于 SWD 只需要 4 根线，因此，在进行产品设计时，建议使用 SWD 接口，摒弃 JTAG 接口，这样就可以节省很多接口。尽管 JLINK 和 ST-Link 都可以下载程序，而且还能进行在线调试，但是无法实现 STM32 微控制器与计算机之间的通信。因此，在设计产品时，除了保留 SWD 接口，还建议保留通信-下载接口。

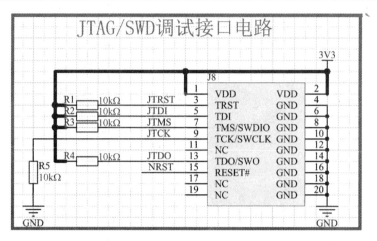

图 2-3　JTAG/SWD 调试接口电路

2.2.4　独立按键电路

STM32 核心板上有 3 个独立按键，分别是 KEY1、KEY2 和 KEY3，其原理图如图 2-4 所示。每个按键都与一个电容并联，且通过一个 10kΩ 电阻连接到 3.3V 电源网络。按键未按下时，输入到 STM32 微控制器的电压为高电平，按键按下时，输入到 STM32 微控制器的电压为低电平。KEY1、KEY2 和 KEY3 分别连接到 STM32F103RCT6 芯片的 PC1、PC2 和 PA0 引脚上。

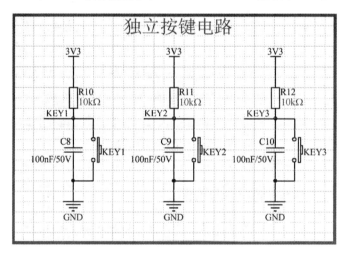

图 2-4　独立按键电路

2.2.5　OLED 显示屏接口电路

本书所使用的 STM32 核心板，除了可以通过通信-下载模块在计算机上显示数据，还可以通过板载 OLED 显示屏接口电路外接一个 OLED 显示屏进行数据显示，图 2-5 所示即为 OLED 显示屏接口电路，该接口电路为 OLED 显示屏提供 3.3V 的电源。

OLED 显示屏接口电路的引脚说明如表 2-2 所示，其中 DIN（SPI2_MOSI）、SCK（SPI2_SCK）、D/C（PC3）、RES（SPI2_MOSI）和 CS（SPI2_NSS）分别连接在 STM32F103RCT6 的 PB15、PB13、PC3、PB14 和 PB12 引脚上。

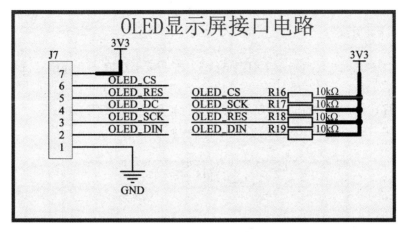

图 2-5　OLED 显示屏接口电路

表 2-2　OLED 显示屏接口电路引脚说明

引 脚 序 号	引 脚 名 称	引 脚 说 明	备　　注
1	GND	接地	
2	OLED_DIN（SPI2_MOSI）	OLED 串行数据线	
3	OLED_SCK（SPI2_SCK）	OLED 串行时钟线	
4	OLED_D/C（PC3）	OLED 命令/数据标志	0—命令；1—数据
5	OLED_RES（SPI2_MOSI）	OLED 硬复位	
6	OLED_CS（SPI2_NSS）	OLED 片选信号	
7	VCC（3.3V）	电源输出	为 OLED 显示屏提供电源

2.2.6　晶振电路

STM32 微控制器具有非常强大的时钟系统，除了内置高精度和低精度的时钟系统，还可以通过外接晶振，为 STM32 微控制器提供高精度和低精度的时钟系统。图 2-6 所示为外接晶振电路，其中 Y1 为 8MHz 晶振，连接时钟系统的 HSE（外部高速时钟），Y2 为 32.768MHz 晶振，连接时钟系统的 LSE（外部低速时钟）。

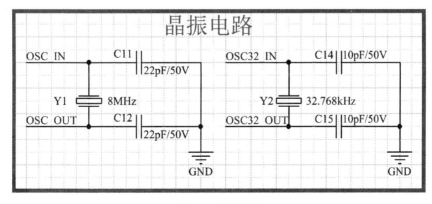

图 2-6　晶振电路

2.2.7 LED 电路

除了标识为 PWR 的电源指示 LED，STM32 核心板上还有两个 LED，如图 2-7 所示。LED1 为蓝色，LED2 为绿色，每个 LED 分别与一个 330Ω 电阻串联后连接到 STM32F103RCT6 芯片的引脚上，在 LED 电路中，电阻起着分压限流的作用。LED1 和 LED2 分别连接到 STM32F103RCT6 芯片的 PC4 和 PC5 引脚上。

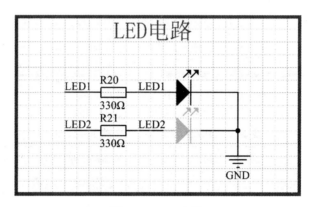

图 2-7　LED 电路

2.2.8 STM32 微控制器电路

图 2-8 所示的 STM32 微控制器电路是 STM32 核心板的核心部分，由 STM32 滤波电路、STM32 微控制器、复位电路、启动模式选择电路组成。

电源网络一般都会有高频噪声和低频噪声，而大电容对低频有较好的滤波效果，小电容对高频有较好的滤波效果。STM32F103RCT6 芯片有 4 组数字电源-地引脚，分别是 VDD_1、VDD_2、VDD_3、VDD_4、VSS_1、VSS_2、VSS_3、VSS_4，还有一组模拟电源-地引脚，即 VDDA、VSSA。C1、C2、C6、C7 这 4 个电容用于滤除数字电源引脚上的高频噪声，C5 用于滤除数字电源引脚上的低频噪声，C4 用于滤除模拟电源引脚上的高频噪声，C3 用于滤除模拟电源引脚上的低频噪声。**为了达到良好的滤波效果，还需要在进行 PCB 布局时，尽可能将这些电容摆放在对应的电源-地回路之间，且布线越短越好。**

NRST 引脚通过一个 10kΩ 电阻连接 3.3V 电源网络，因此，用于复位的引脚在默认状态下是高电平，只有当复位按键按下时，NRST 引脚为低电平，STM32F103RCT6 芯片才进行一次系统复位。

BT0 引脚（60 号引脚）、BT1 引脚（28 号引脚）为 STM32F103RCT6 芯片启动模块选择接口，当 BT0 为低电平时，系统从内部 Flash 启动。因此，默认情况下，J6 跳线不需要连接。

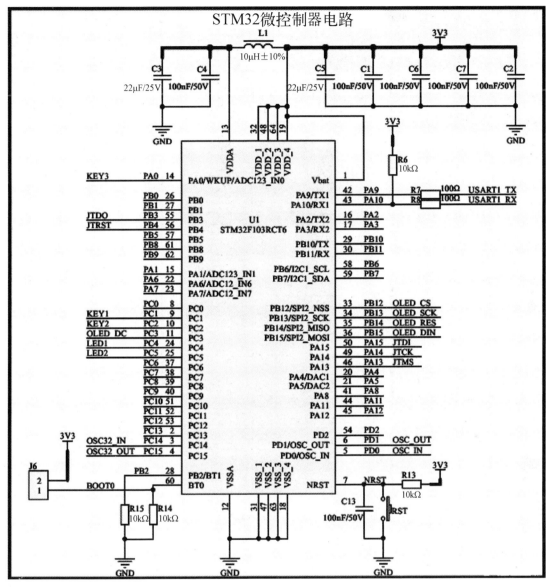

图 2-8　STM32 微控制器电路

2.2.9　外扩引脚

　　STM32 核心板上的 STM32F103RCT6 芯片总共有 51 个通用 I/O 接口，分别是 PA0～15、PB0～15、PC0～15、PD0～2，其中 PC14、PC15 连接外部的 32.768kHz 晶振，PD0、PD1 连接外部的 8MHz 晶振，除了这 4 个引脚，STM32 核心板通过 J1、J2、J3 共 3 组排针引出其余47 个通用 I/O 接口，外扩引脚电路图如图 2-9 所示。

　　读者可以通过这 3 组排针，自由扩展外设。此外，J1、J2、J3 这 3 组排针分别还包括2 组 3.3V 电源和接地（GND），这样就可以直接通过 STM32 核心板对外设进行供电，大大降低了系统的复杂度。因此，利用这 3 组排针，可以将 STM32 核心板的功能发挥到极致。

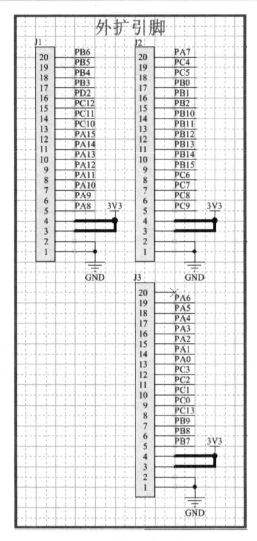

图 2-9　外扩引脚电路图

 ## 2.3　基于 STM32 核心板可以开展的实验

　　基于 STM32 核心板可以开展的实验非常丰富，这里仅列出具有代表性的 22 个实验，如表 2-3 所示。

表 2-3　基于 STM32 核心板可开展的部分实验清单

序　　号	实 验 名 称	序　　号	实 验 名 称
1	流水灯实验	5	独立看门狗实验
2	按键输入实验	6	窗口看门狗实验
3	串口实验	7	定时器中断实验
4	外部中断实验	8	PWM 输出实验

续表

序　号	实 验 名 称	序　号	实 验 名 称
9	输入捕获实验	16	DMA 实验
10	内部温度检测实验	17	I²C 实验
11	待机唤醒实验	18	SPI 实验
12	OLED 显示实验	19	内部 Flash 实验
13	RTC 实时时钟实验	20	操作系统系列实验
14	ADC 实验	21	内存管理实验
15	DAC 实验	22	调试助手实验

本章任务

完成本章的学习后，应重点掌握 STM32 核心板的电路原理，以及每个模块的功能。

****

本章习题

1. 简述 STM32 与 ST 公司和 ARM 公司的关系。

2. 通信-下载模块接口电路中使用了一个红色 LED（PWR）作为电源指示，请问如何通过万用表检测 LED 的正、负端？

3. 通信-下载模块接口电路中的电阻（R9）有什么作用？该电阻阻值的选取标准是什么？

4. 电源转换电路中的 5V 电源网络能否使用 3.3V 电压？请解释原因。

5. 电源转换电路中，二极管（VD1）上的压差为什么不是一个固定值？这个压差的变化有什么规律？请结合 SS210 的数据手册进行解释。

6. 什么是低压差线性稳压电源？请结合 AMS1117-3.3 的数据手册，简述低压差线性稳压电源的特点。

7. 低压差线性稳压电源的输入端和输出端均有电容（C16、C17、C18），请问这些电容的作用是什么？

8. 电路板上的测试点有什么作用？哪些位置需要添加测试点？请举例说明。

9. 电源电路中的电感（L2）和电容（C19）有什么作用？

10. 独立按键电路中的电容有什么作用？

11. 独立按键电路为什么要通过一个电阻连接 3.3V 电源网络？为什么不直接连接 3.3V 电源网络？

第3章 STM32 核心板程序下载与验证

本章介绍 STM32 核心板的程序下载与验证，也就是先将 STM32 核心板连接到计算机上，通过软件向 STM32 核心板下载程序，观察 STM32 核心板的工作状态。传统的电路设计流程是：先进行电路板设计，然后制作，最后才是电路板验证。考虑到本书主要针对初学者，因此，将传统流程颠倒过来，先验证电路板，然后焊接，最后介绍如何设计电路板。这样做的好处是让初学者开门见山，手中先有一个样板，在后续的焊接和电路设计环节就能够进行参考对照，以便能够快速掌握电路设计与制作的各项技能。

学习目标：

➢ 掌握通过通信−下载模块对 STM32 核心板进行程序下载的方法。

➢ 掌握通过 ST-Link 对 STM32 核心板进行程序下载的方法。

➢ 了解 STM32 核心板的工作原理。

3.1 准备工作

在进行 STM32 核心板程序下载与验证之前，先确认 STM32 核心板套件是否完整。STM32 核心板开发套件由基础包、物料包、工具包组成，具体详见 1.5 节。

3.2 将通信−下载模块连接到 STM32 核心板

首先，取出开发套件中的通信−下载模块、STM32 核心板（将 OLED 显示屏插在 STM32 核心板的 J7 母座上）、1 条 Mini-USB 线、1 条 XH-6P 双端线。将 Mini-USB 线的公口（B 型插头）连接到通信−下载模块的 USB 接口，再将 XH-6P 双端线连接到通信−下载模块的白色 XH-6P 底座上。然后将 XH-6P 双端线接在 STM32 核心板的 J4 底座上，如图 3−1 所示。最后将 Mini-USB 线的公口（A 型插头）插在计算机的 USB 接口上。

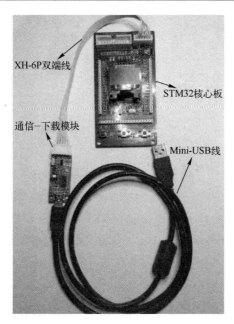

图 3-1　STM32 核心板连接实物图（仅含通信-下载模块）

 ## 3.3　安装 CH340 驱动

接下来，安装通信-下载模块驱动。在本书资料包的 Software 目录下找到"CH340 驱动（USB 串口驱动）_XP_WIN7 共用"文件夹，双击运行 SETUP. EXE，单击"安装"按钮，在弹出的 DriverSetup 对话框中单击"确定"按钮，即安装完成，如图 3-2 所示。

图 3-2　安装通信-下载模块驱动

驱动安装成功后，将通信-下载模块通过 USB 线连接到计算机，然后在计算机的设备管理器里面找到 USB 串口，如图 3-3 所示。注意，串口号不一定是 COM4，每台计算机可能会不同。

图 3-3　计算机的设备管理器中显示 USB 串口信息

 ## 3.4　通过 mcuisp 下载程序

在 Software 目录下找到并双击 mcuisp 软件，在图 3-4 所示的菜单栏中单击“搜索串口

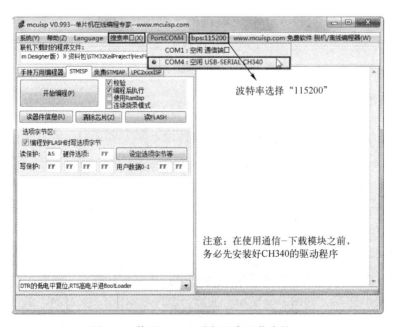

图 3-4　使用 mcuisp 进行程序下载步骤一

（X）"按钮，在弹出的下拉菜单中选择"COM4:空闲 USB-SERIAL CH340"（再次提示，不一定是 COM4，每台机器的 COM 编号可能会不同），如果显示"占用"，则尝试重新插拔通信-下载模块，直到显示"空闲"字样。

　　如图 3-5 所示，首先定位 .hex 文件所在的路径，即在本书配套资料包中的 STM32KeilProject\HexFile 目录下，找到 STM32KeilPrj.hex 文件。然后勾选"编程前重装文件"项，再勾选"校验"项和"编程后执行"项，选择"DTR 的低电平复位，RTS 高电平进 BootLoader"，单击"开始编程（P）"按钮，出现"成功写入选项字节，www.mcuisp.com 向您报告，命令执行完毕，一切正常"表示程序下载成功。

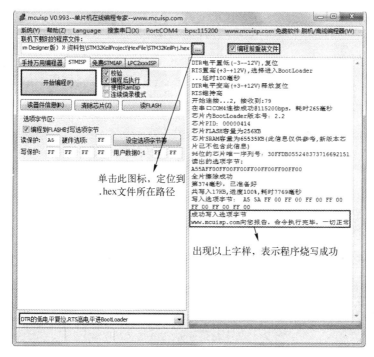

图 3-5　使用 MCUISP 进行程序下载步骤二

3.5　通过串口助手查看接收数据

　　在 Software 目录下找到并双击"运行串口助手"软件（sscom42.exe），如图 3-6 所示。选择正确的串口号，与 mcuisp 串口号一致，将波特率改为"115200"，然后单击"打开串口"按钮，取消勾选"HEX 显示"项，当窗口中每隔 1s 弹出"This is a STM32 demo project，by ZhangSan"时，表示成功。注意，实验完成后，先单击"关闭串口"按钮将串口关闭，再关闭 STM32 核心板的电源。

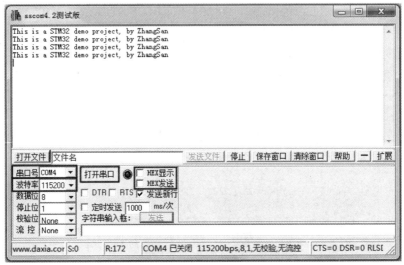

图 3-6　串口助手操作步骤

3.6　查看 STM32 核心板工作状态

此时可以观察到 STM32 核心板上电源指示灯（红色）正常显示，蓝色 LED 和绿色 LED 交替闪烁，而且 OLED 显示屏上的日期和时间正常运行，如图 3-7 所示。

图 3-7　STM32 核心板上正常工作状态示意图

3.7　通过 ST-Link 下载程序

从开发套件中再取出 1 个 ST-Link 调试器、1 条 Mini-USB 线，1 条 20P 灰排线。在前面连接的基础上，将 Mini-USB 线的公口（B 型插头）连接到 ST-Link 调试器；将 20P 灰排线的一端连接到 ST-Link 调试器，将另一端连接到 STM32 核心板的 JTAG/SWD 调试接口（编号为 J8）。最后将两条 Mini-USB 线的公口（A 型插头）均连接到计算机的 USB 接口，如图 3-8 所示。

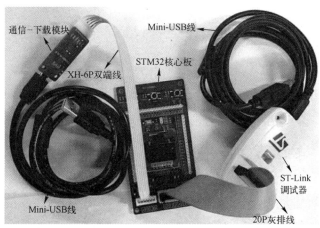

图 3-8　STM32 核心板连接实物图（含 ST-Link 调试器和通信-下载模块）

在 Software 目录下找到并打开"ST-LINK 驱动"文件夹，找到应用程序 dpinst_amd64 和 dpinst_x86。双击"dpinst_amd64"即可安装，如果提示错误，可以先将"dpinst_amd64"卸载，然后双击安装 dpinst_x86，（注意，dpinst 仅安装一个即可）如图 3-9 所示。

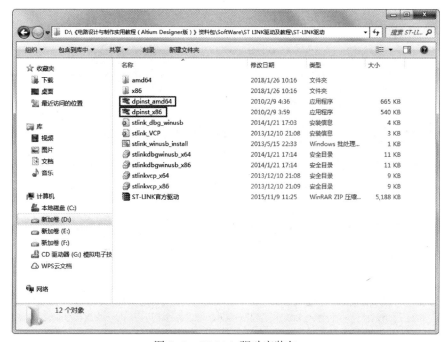

图 3-9　ST-Link 驱动安装包

ST-Link 驱动安装成功后，可以在设备管理器中看到"STMicroelectronics STLink dongle"，如图 3-10 所示。

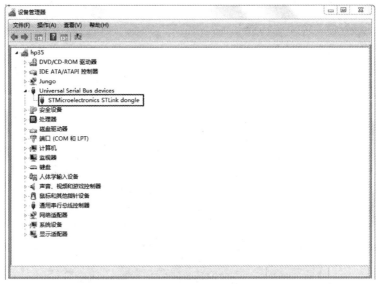

图 3-10　ST-Link 驱动安装成功示意图

打开 Keil μVision5 软件①，如图 3-11 所示，单击"Options for Target"按钮，进入设置界面。

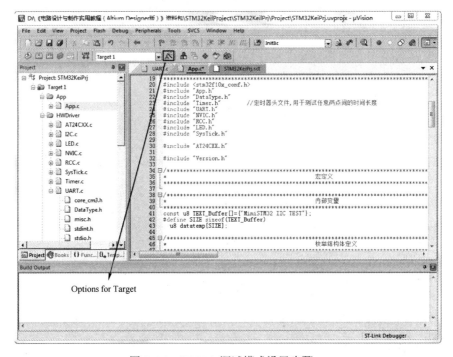

图 3-11　ST-Link 调试模式设置步骤一

① 在此步骤之前，首先确保计算机上已安装 Keil μVision5 软件。这里推荐使用 MDK5.20 版本，安装完成后，还需安装 Keil. STM32F1xx_DFP.2.1.0 软件包。以上软件和软件包及其安装方法可以通过微信公众号"卓越工程师培养系列"下载。打开"D:\《电路设计与制作实用教程（Altium Designer 版）》资料包\STM32KeilProject\STM32KeilPrj\Project"，双击并运行"STM32KeilPrj. uvprojx"。

如图 3-12 所示，在弹出的 Options for Target 'Target1' 对话框中的 Debug 标签页中，在 Use 下拉菜单中选择 "ST-Link Debugger"，然后单击 "Settings" 按钮。

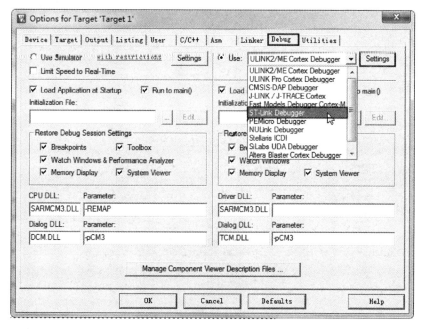

图 3-12　ST-Link 调试模式设置步骤二

如图 3-13 所示，在弹出的 Cortex-M Target Driver Setup 对话框中的 Debug 标签页中，在 ort 下拉菜单中选择 "SW"，在 Max 下拉菜单中选择 "1.8MHz"，最后单击 "确定" 按钮。

图 3-13　ST-Link 调试模式设置步骤三

如图 3-14 所示，在 Options for Target 'Target 1' 对话框中，打开 Utilities 标签页，勾选 "Use Debug Driver" 和 "Update Target before Debugging" 项，最后单击 "OK" 按钮。

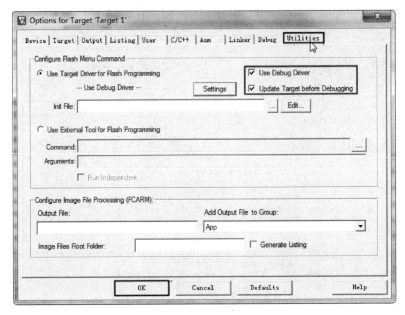

图 3-14　ST-Link 调试模式设置步骤四

ST-Link 调试模式设置完成后，在如图 3-15 所示的界面中，单击"Download"按钮，将程序下载到 STM32 单片机，下载成功后，在 Bulid Output 面板中将出现如图 3-15 所示的字样，表明程序已经通过 ST-Link 调试器成功并下载到 STM32 单片机中。

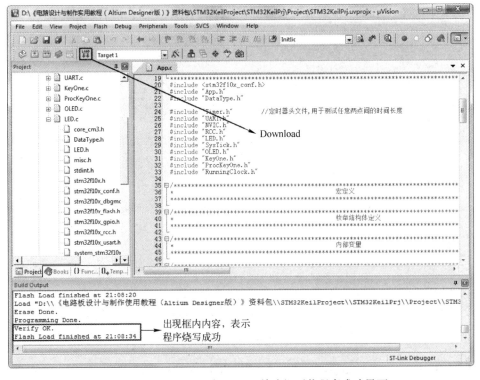

图 3-15　通过 ST-Link 向 STM32 单片机下载程序成功界面

本章任务

完成本章的学习后，应能熟练使用通信-下载模块进行 STM32 核心板的程序下载，能熟练使用 ST-Link 仿真器进行 STM32 核心板的程序下载，并能够用万用表测试 STM32 核心板上的 5V 和 3.3V 两个测试点的电压值。

****

 本章习题

1. 什么是串口驱动？为什么要安装串口驱动？

2. 通过查询网络资料，对串口编号进行修改，例如，串口编号默认是 COM1，将其改为 COM4。

3. ST-Link 除了可以下载程序，还有哪些其他功能？

第 4 章　STM32 核心板焊接

第 3 章讲解了 STM32 核心板的程序下载与验证，让读者对 STM32 核心板的工作原理有了初步的认识，本章将介绍 STM32 核心板的焊接。在焊接前，首先要准备好所需要的工具和材料、各种电子元器件和 STM32 核心板空板。本书将焊接的过程分为五个步骤，每个步骤都有严格的要求和焊接完成的验证标准，而且可以与第 3 章验证过的 STM32 核心板进行对比。通过本章的学习和实践，读者将掌握焊接 STM32 核心板的技能，以及万用表的简单操作。

学习目标：

➢ 能够根据焊接工具和材料清单准备焊接 STM32 核心板所需的工具和材料。

➢ 能够根据 BOM 准备 STM32 核心板所需的元器件。

➢ 按照分步焊接和测试的方法，焊接至少一块 STM32 核心板，并验证通过。

➢ 掌握万用表的使用方法，能够进行电压、电流和电阻等的测量。

 ## 4.1　焊接工具和材料

大多数介绍电路设计与制作的书籍，通常都是按照软件介绍与安装、原理图设计、PCB 设计、电路板打样、焊接调试的顺序进行讲解。本书将焊接调试调整到原理图设计和 PCB 设计前，这种安排有几个好处：（1）快速焊接并调试成功一块电路板，可以迅速建立初学者的自信心，自信心演变成兴趣，兴趣又会吸引初学者进入原理图和 PCB 设计环节；（2）电路板实物中的电路比 PCB 设计软件中的电路更加形象、逼真，如电路板尺寸、元器件结构、元器件间距、焊盘大小、焊盘间距、丝印尺寸等，通过实物焊接，初学者对这些概念的理解将更加深刻，从而在学习原理图和 PCB 设计环节就更容易上手；（3）在焊接过程中，通过实训可对各种焊接工具，如电烙铁、焊锡、松香、镊子，有更加深刻的认识。当然，焊接之前先要准备好焊接所需的工具和材料，如表 4-1 所示，下面简要介绍。

表 4-1　焊接工具和材料清单

编号	物品名称	图　片	数量	单位	编号	物品名称	图　片	数量	单位
1	电烙铁		1	套	4	镊子		1	个
2	焊锡		1	卷	5	万用表		1	台

续表

编号	物品名称	图　片	数量	单位	编号	物品名称	图　片	数量	单位
3	松香		1	盒	6	吸锡带		1	卷

1. 电烙铁

电烙铁有很多种，常用的有内热式、外热式、恒温式和吸锡式。为了方便携带，建议使用内热式电烙铁。此外，还需要有烙铁架和海绵，烙铁架用于放置电烙铁，海绵用于擦拭烙铁锡渣，海绵不应太湿或太干，应手挤海绵直至不滴水为宜。

电烙铁常用的烙铁头有四种，分别是刀头、一字形、马蹄形、尖头，如图 4-1 所示。本书建议初学者直接使用刀头，因为 STM32 核心板上的绝大多数元器件都是贴片封装的，刀头适用于焊接多引脚器件以及需要拖焊的场合，这对于焊接 STM32 芯片及排针非常适合。刀头在焊接贴片电阻、电容、电感时也非常方便。

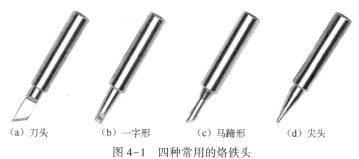

　　（a）刀头　　　　（b）一字形　　　　（c）马蹄形　　　　（d）尖头

图 4-1　四种常用的烙铁头

（1）电烙铁的正确使用方法

① 先接上电源，数分钟后待烙铁头的温度升至焊锡熔点时，蘸上助焊剂（松香），然后用烙铁头刃面接触焊锡丝，使烙铁头上均匀地镀上一层锡（亮亮的、薄薄的就可以）。这样做，便于焊接并防止烙铁头表面氧化。没有蘸上锡的烙铁头，焊接时不容易上锡。

② 进行普通焊接时，一手拿烙铁，一手拿焊锡丝，靠近根部，两头轻轻一碰，一个焊点就形成了。

③ 焊接时间不宜过长，否则容易烫坏元器件，必要时可用镊子夹住引脚帮助散热。

④ 焊接完成后，一定要断开电源，等电烙铁冷却后再收起来。

（2）电烙铁使用注意事项

① 使用前认真检查烙铁头是否松动。

② 使用时不能用力敲击，烙铁头上焊锡过多时用湿海绵擦拭，不可乱甩，以防烫伤他人。

③ 电烙铁要放在烙铁架上，不能随便乱放。

④ 注意导线不能触碰到烙铁头，避免引发火灾。

⑤ 不要让电烙铁长时间处于待焊状态，因为温度过高也会造成烙铁头"烧死"。

⑥ 使用结束后务必切断电源。

2. 镊子

焊接电路板常用的镊子有直尖头和弯尖头，建议使用直尖头。

3. 焊锡

焊锡是在焊接线路中连接电子元器件的重要工业原材料，是一种熔点较低的焊料。常用的焊锡主要是用锡基合金做的焊料。根据焊锡中间是否含有松香，将焊锡分为实心焊锡和松香芯焊锡。焊接元器件时建议采用松香芯焊锡，因为这种焊锡熔点较低，而且内含松香助焊剂，松香起到湿润、降温、提高可焊性的作用，使用极为方便。

4. 万用表

万用表一般用于测量电压、电流、电阻和电容，以及检测短路。在焊接 STM32 核心板时，万用表主要用于（1）测量电压；（2）测量某一个回路的电流；（3）检测电路是否短路；（4）测量电阻的阻值；（5）测量电容的容值。

（1）测电压

将黑表笔插入 COM 孔，红表笔插入 VΩ 孔，旋钮旋到合适的电压挡（万用表表盘上的电压值要大于待测电压值，且最接近待测电压值的电压挡位）。然后，将两个表笔的尖头分别连接到待测电压的两端（注意，万用表是并联到待测电压两端的），保持接触稳定，且电路应处于工作状态，电压值即可从万用表显示屏上读取。注意，万用表表盘上的"V−"表示直流电压挡，"V~"表示交流电压挡，表盘上的电压值均为最大量程。由于 STM32 核心板采用直流供电，因此测量电压时，要将旋钮旋到直流电压挡。

（2）测电流

将黑表笔插入 COM 孔，红表笔插入 mA 孔，旋钮旋到合适的电流挡（万用表表盘上的电流值要大于待测电流值，且最接近待测电流值的电流挡位）。然后，将两个表笔的尖头分别连接到待测电流的两端（注意，万用表是串联到待测电流的电路中的），保持接触稳定，且电路应处于工作状态，电流值即可从万用表显示屏上读取。注意，万用表表盘上的"A−"表示直流电流挡，"A~"表示交流电流挡，表盘上的电流值均为最大量程。由于 STM32 核心板上只有直流供电，因此测量电流时，要将旋钮旋到直流电流挡。而且，STM32 核心板上的电流均为毫安（mA）级。

（3）检测短路

将黑表笔插入 COM 孔，红表笔插入 VΩ 孔，旋钮旋到蜂鸣/二极管挡。然后，将两个表笔的尖头分别连接到待测短路电路的两端（注意，万用表是并联到待测短路电路的两端的），保持接触稳定，将电路板的电源断开。如果万用表蜂鸣器鸣叫且指示灯亮，表示所测电路是连通的，否则，所测电路处于断开状态。

（4）测电阻

将黑表笔插入 COM 孔，红表笔插入 VΩ 孔，旋钮旋到合适的电阻挡（万用表表盘上的电阻值要大于待测电阻值，且最接近待测电阻值的电阻挡位）。然后，将两个表笔的尖头分别连接到待测电阻两端（注意，万用表是并联到待测电阻两端的），保持接触稳定，将电路板的电源断开，电阻值即可从万用表显示屏上读取。如果直接测量某一电阻，可将两个表笔的尖头连接到待测电阻的两端直接测量。注意，电路板上某一电阻的阻值一般小于标识阻值，因为电路板上的电阻与其他等效网络并联，并联之后的电阻值小于其中任何一个电阻。

（5）测电容

将黑表笔插入 COM 孔，红表笔插入 VΩ 孔，旋钮旋到合适的电容挡（万用表表盘上的电容值要大于待测电容值，且最接近待测电容值的电容挡位）。然后，将两个表笔的尖头分别连接到待测电容两端（注意，万用表是并联到待测电容两端的），保持接触稳定，电容值即可从万用表显示屏上读取。注意，待测电容应为未焊接到电路板上的电容。

5. 松香

松香在焊接中作为助焊剂，起助焊作用。从理论上讲，助焊剂的熔点比焊料低，其比重、黏度、表面张力都比焊料小，因此在焊接时，助焊剂先融化，很快流浸、覆盖于焊料表面，起到隔绝空气防止金属表面氧化的作用，并能在焊接的高温下与焊锡及被焊金属的表面发生氧化膜反应，使之熔解，还原纯净的金属表面。合适的焊锡有助于焊出满意的焊点形状，并保持焊点的表面光泽。松香是常用的助焊剂，它是中性的，不会腐蚀电路元器件和烙铁头。如果是新印制的电路板，在焊接之前要在铜箔表面涂上一层松香水。如果是已经印制好的电路板，则可直接焊接。松香的具体使用因个人习惯而不同，有的人习惯每焊接完一个元器件，都将烙铁头在松香上浸一下，有的人只有在电烙铁头被氧化，不太方便使用时，才会在上面浸一些松香。松香的使用方法也很简单，打开松香盒，把通电的烙铁头在上面浸一下即可。如果焊接时使用的是实心焊锡，加些松香是必要的，如果使用松香锡焊丝，可不使用松香。

6. 吸锡带

在焊接引脚密集的贴片元器件时，很容易因焊锡过多导致引脚短路，使用吸锡带就可以"吸走"多余的焊锡。吸锡带的使用方法很简单：用剪刀剪下一小段吸锡带，用电烙铁加热使其表面蘸上一些松香，然后用镊子夹住将其放在焊盘上，再用电烙铁压在吸锡带上，当吸锡带变为银白色时即表明焊锡被"吸走"了。注意，吸锡时不可用手碰吸锡带，以免烫伤。

7. 其他工具

常用的焊接工具还包括吸锡枪等，由于 STM32 核心板上主要是贴片元器件，基本用不到吸锡枪，因此这里就不详细介绍，如需了解其他焊接工具和材料，可以查阅相关教材或者网站。

4.2　STM32 核心板元器件清单

STM32 核心板的元器件清单，也称为 BOM，如表 4-2 所示。

无论是读者自己焊接，还是由贴片厂焊接，都需要准备元器件（也称物料）。根据表 4-2 中第一列的序号可方便进行物料定位和备料，有了序号，就可以快速找到所需的物料，这种优势在进行复杂电路板备料时更加明显。

第二列的元件编号相当于每个元器件的身份证号码。企业一般都会有自己的元件编号，由于物料系统比较庞杂，作为初学者，建立自己的物料体系不现实。那么，如何能够既不用亲自建立自己的物料库，又能够方便使用规范的物料库呢？推荐直接使用"立创商城"（www.szlcsc.com）的物料体系。因为立创商城上的物料体系比较严谨规范，而且采购非常方便，价格也较实惠，读者可以只花 1 元就能买到 100 个贴片电阻，更重要的是可以基本实现一站式采购。这样既省时，又节约成本，可大大降低初学者学习的门槛和成本。当然，立创商城的元器件也常常会出现下架和缺货的现象，但是，立创商城提供的物料种类非常全，读者可以非常容易地在其网站上找到可替代的元器件。因此，本书直接引用了立创商城提供的元件编号，这样，读者就可以方便地在立创商城上根据 STM32 核心板元器件清单上的元件编号采购所需的元器件。

表 4-2　STM32CoreBoard-V1.0.0-20171215-1 套

序	A. 元件编号	Comment	Designator	Footprint	Quantity	备注	不焊接元件	一审	二审
1	C14663	100nF（104）±10% 50V SMD0603	C1, C2, C4, C6, C7, C8, C9, C10, C13, C18	C 0603	10	立创可贴片元器件			
2	C45783	22μF（226）±20% 25V SMD0805	C3, C5, C16, C17, C19	C 0805	5	立创可贴片元器件			
3	C1653	22pF（220）±5% 50V SMD0603	C11, C12	C 0603	2	立创可贴片元器件			
4	C1634	10pF（100）±5% 50V SMD0603	C14, C15	C 0603	2	立创可贴片元器件			
5	C14996	SS210	D1	SMA	1	立创可贴片元器件			
6	C50981	排针　单排　2.54mm 20P	J1, J2, J3	HDR-1X20	3	立创非可贴片元器件，可购买 c2337, 2.54mm；* 40p 直排针，后加工			
7	C70009	XH-6P 母座	J4	XH2.54-6P	1	立创可贴片元器件			
8	C225477	排针　单排　2.54mm 2P	J6	HDR-1x2	1	立创非可贴片元器件，可购买 c2337, 2.54mm；* 40p 直排针，后加工			
9	C225504	OLED 母座 单排 2.54mm 7P	J7	OLED SIP2.54-7P	1	立创非可贴片元器件，可购买 c5303, 2.54mm；* 40p 直排针，后加工			
10	C3405	简牛 2.54mm 2*10P 直	J8	IDC2.54-20P	1	立创非可贴片元器件			
11	C127509	贴片轻触开关 6*6*5mm	KEY1, KEY2, KEY3	TSW SMD-6*6*5	3	立创非可贴片元器件			
12	C1035	10μH ±10% SMD0603	L1, L2	L 0603	2	立创可贴片元器件			

续表

序	A. 元件编号	Comment	Designator	Footprint	Quantity	备注	不焊接元件	一审	二审
13	C84259	蓝色发光二极管 SMD0805	LED1	LED 0805B	1	立创可贴片元器件			
14	C84260	翠绿发光二极管 SMD0805	LED2	LED 0805G	1	立创可贴片元器件			
15	C84256	红色发光二极管 SMD0805	PWR	LED 0805R	1	立创可贴片元器件			
16	C25804	10kΩ(1002)±1% SMD0603	R1, R2, R3, R4, R5, R6, R10, R11, R12, R13, R14, R15, R16, R17, R18, R19	R 0603	16	立创可贴片元器件			
17	C22775	100Ω(1000)±1% SMD0603	R7, R8	R 0603	2	立创可贴片元器件			
18	C21190	1kΩ(1001)±1% SMD0603	R9	R 0603	1	立创可贴片元器件			
19	C23138	330Ω(3300)±1% SMD0603	R20, R21	R 0603	2	立创可贴片元器件			
20	C118141	轻触开关 3.6*6.1*2.5 灰头	RST	TSW SMD-3.6*6.1*2.5	1	立创非可贴片元器件			
21	C8323	STM32F103RCT6	U1	LQFP64 10x10_N	1	立创可贴片元器件			
22	C6186	AMS1117-3.3	U2	SOT223_N	1	立创可贴片元器件			
23	C12674	贴片晶振 49SMD 8MHz	Y1	XTAL-49S SMD	1	立创非可贴片元器件			
24	C32346	贴片晶振 SMD3215 32.768kHz	Y2	XTAL-3215	1	立创可贴片元器件			

第三列是元器件的注释（Comment），即元器件的命名。电容是以容值、精度、耐压值和封装进行命名的，电阻是以阻值、精度和封装进行命名的，每种元器件都有其严格的命名规范，后续章节将详细介绍。

第四列是元件号（Designator），元件号是电路板上的元器件编号，由大写字母+数字构成。字母 R 代表电阻，字母 C 代表电容，字母 J 代表插件，字母 D 代表二极管，字母 U 代表芯片。相同型号的元器件被列在同一栏中，以便于备料。

第五列是封装（Footprint），每个元器件都有对应的封装，在备料时一定要确认封装是否正确。

第六列是数量（Quantity），使用 PCB 工具生成物料清单时，相同型号的物料会被归类在一起，用元件号加以区分，这里的数量就是相同型号的物料的数量。需要强调的是，在备料时，电阻、电容、二极管等小型低价元器件按照电路板实际所需数量的 120% 准备，其他可以按照 100%~110% 准备。比如要生产 10 套电路板，每种型号的电阻按照标准数量的 1.2 倍准备；如果某种规格的排针需要 30 条，可以准备 30~33 条；如果某种规格的芯片需要 10 片，可以准备 10~11 片。

经过若干轮实践证明，绝大多数初学者都能在焊接第三块电路板前，至少调试通一块电路板。当然，也有很多初学者每焊接一块就能调试通一块，焊接后面的两块电路板是为了巩固焊接和调试技能。鉴于此，本书提供 3 套开发套件，建议读者在备料时也按照 3 套的数量准备，即按照表格中的数量（Quantity）乘以 3 进行备料，电阻、电容、二极管等小型低价元器件可以多备一些。

4.3　STM32 核心板焊接步骤

准备好空的 STM32 核心板、焊接工具和材料、元器件后，就可以开始电路板的焊接。

很多初学者在学习焊接时，常常拿到一块电路板就急着把所有的元器件全部焊上去。由于在焊接过程中没有经过任何测试，最终通电后，电路板要么没有任何反应，要么被烧坏，而真正一次性焊接好并验证成功的极少。而且，出了问题，不知道从何处解决。

尽管 STM32 核心板电路不是很复杂，但是要想一次性焊接成功，还是有一定的难度。本书将 STM32 核心板焊接分为五个步骤，每个步骤完成后都有严格的验证标准，出了问题可以快速找到问题。即使从未接触过焊接的新手，也能通过这五个步骤迅速掌握焊接的技能。

STM32 核心板焊接的五个步骤如表 4-3 所示，每一步都有要焊接的元器件，同时，每一步焊接完成后，都有严格的验证标准。

表 4-3　STM32 核心板焊接步骤

步　　骤	需要焊接的元件号	验 证 标 准
1	U1	STM32 芯片各引脚不能短路，也不能虚焊
2	U2、C16、D1、C17、C18、L2、C19、PWR、R9、R7、R8、J4	5V、3.3V 和 GND 相互之间不短路，上电后电源指示灯（标号为 PWR）能正常点亮

续表

步　骤	需要焊接的元件号	验 证 标 准
3	R6、R14、R15、R20、R21、LED1、LED2、Y1、C11、C12、L1、RST、C13、R13	STM32 核心板能够正常下载程序，且下载完程序后，蓝灯和绿灯交替闪烁，串口能通过通信-下载模块向计算机发送数据
4	C1、C2、C3、C4、C5、C6、C7、C14、C15、Y2、R16、R17、R18、R19、J7	OLED 显示屏正常显示字符、日期和时间
5	C8、C9、C10、R10、R11、R12、KEY1、KEY2、KEY3、R1、R2、R3、R4、R5、J8、J6、J1、J2、J3	能够使用 ST-Link 连接 JTAG/SWD 调试接口进行程序下载和调试

4.4　STM32 核心板分步焊接

焊接前首先按照要求准备好焊接工具和材料，包括电烙铁、焊锡、镊子、松香、万用表、吸锡带等，同时也备齐 STM32 核心板的电子元器件。

4.4.1　焊接第一步

焊接的元件号：U1。焊接第一步完成后的效果图如图 4-2 所示。

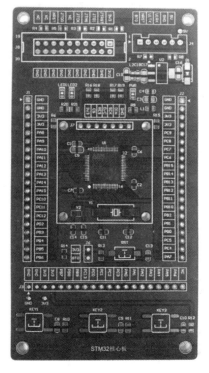

图 4-2　焊接第一步完成后的效果图

焊接说明：拿到空的 STM32 核心板后，首先要使用万用表测试 5V、3.3V 和 GND 三个电源网络相互之间有没有短路。如果短路，直接更换一块新板，并检测无短路，然后参照

4.5.1 节（STM32F103RCT6 芯片焊接方法）将准备好的 STM32F103RCT6 芯片焊接到 U1 所指示的位置。注意，STM32F103RCT6 芯片的 1 号引脚务必与电路板上的 1 号引脚对应，切勿将芯片方向焊错。

验证方法：使用万用表测试 STM32 芯片各相邻引脚之间无短路，芯片引脚与焊盘之间没有虚焊。由于 STM32 芯片的绝大多数引脚都被引到排针上，因此，测试相邻引脚之间是否短路可以通过检测相对应的焊盘之间是否短路进行验证。虚焊可以通过测试芯片引脚与对应的排针上的焊盘是否短路进行验证。**这一步非常关键，尽管烦琐，但是绝不能疏忽。如果这一步没有达标，则后续焊接工作将无法开展。**

4.4.2　焊接第二步

焊接的元件号：U2、C16、D1、C17、C18、L2、C19、PWR、R9、R7、R8、J4。焊接第二步完成后的效果图如图 4-3（a）所示，上电后的效果图如图 4-3（b）所示。

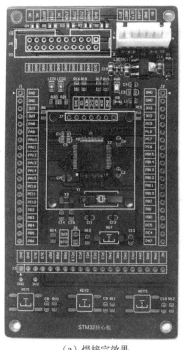

（a）焊接完效果 　　　　　　　　　　（b）上电后效果

图 4-3　焊接第二步完成后的效果图

焊接说明：将上述元件号对应的元器件依次焊接到电路板上。各元器件焊接方法可以参照 4.5 节的介绍。需要强调的是，每焊接完一个元器件，都用万用表测试是否有短路现象，即测试 5V、3.3V 和 GND 三个网络相互之间是否短路。此外，二极管（D1）和发光二极管（PWR）都是有方向的，切莫将方向焊反，通信-下载模块接口（J4）的开口应朝外。

验证方法：在上电之前，首先检查 5V、3.3V 和 GND 三个网络相互之间是否短路。确认没有短路，再使用通信-下载模块对 STM32 核心板供电。供电后，使用万用表的电压挡检测 5V 和 3.3V 测试点的电压是否正常。STM32 核心板的电源指示灯（PWR）应为红色点亮状态。

4.4.3　焊接第三步

焊接的元件号：R6、R14、R15、R20、R21、LED1、LED2、Y1、C11、C12、L1、RST、C13、R13。焊接第三步完成后的效果图如图 4-4（a）所示，上电后的效果图如图 4-4（b）所示。

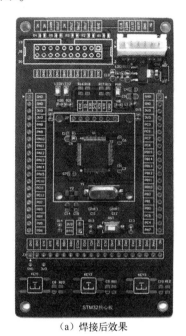

（a）焊接后效果　　　　　　　　　　（b）上电后效果

图 4-4　焊接第三步完成后的效果图

焊接说明：将上述元件号对应的元器件依次焊接到电路板上。各元器件的焊接方法可以参照 4.5 节的介绍。每焊接完一个元器件，都用万用表测试是否有短路现象，即测试 5V、3.3V 和 GND 三个网络相互之间有没有短路。此外，发光二极管（LED1、LED2）是有方向的，切莫将方向焊反。

验证方法：在上电之前，首先检查 5V、3.3V 和 GND 三个网络相互之间是否短路。确认没有发生短路，再使用通信-下载模块对 STM32 核心板供电。供电后，使用万用表的电压挡检测 5V 和 3.3V 的测试点的电压是否正常，STM32 核心板的电源指示灯（PWR）应为红色点亮状态。然后，使用计算机上的 mcuisp 软件将 STM32KeilPrj.Hex 下载到 STM32 芯片。正常状态是程序下载后，电路板上的蓝灯和绿灯交替闪烁，串口能正常向计算机发送数据。下载程序和查看串口发送数据的方法可以参照 3.4 节的介绍。

4.4.4　焊接第四步

焊接的元件号：C1、C2、C3、C4、C5、C6、C7、C14、C15、Y2、R16、R17、R18、R19、J7。焊接第四步完成后的效果图如图 4-5（a）所示，上电后的效果图如图 4-6（b）所示。

焊接说明：将上述元件号对应的元器件依次焊接到电路板上。各元器件的焊接方法可参见 4.5 节。每焊接完一个元器件，都用万用表测试是否有短路现象，即测试 5V、3.3V 和

（a）焊接后效果　　　　　　　　　（b）上电后效果

图 4-5　焊接第四步完成后的效果图

GND 三个网络相互之间是否短路。

　　验证方法：在上电之前，首先检查 5V、3.3V 和 GND 三个网络相互之间是否短路。确认没有发生短路，再使用通信-下载模块对 STM32 核心板供电。供电后，使用万用表的电压挡检测 5V 和 3.3V 的测试点的电压是否正常。STM32 核心板的电源指示灯（PWR）应为红色点亮状态，电路板上的蓝灯和绿灯应交替闪烁，串口能正常向计算机发送数据，OLED 能够正常显示日期和时间。

4.4.5　焊接第五步

　　焊接的元件号：C8、C9、C10、R10、R11、R12、KEY1、KEY2、KEY3、R1、R2、R3、R4、R5、J8、J6、J1、J2、J3。焊接第五步完成后的效果图如图 4-6（a）所示，上电后的效果图如图 4-6（b）所示。

　　焊接说明：将上述元件号对应的元器件依次焊接到电路板上。各元器件的焊接方法可参见4.5 节。每焊接完一个元器件，都用万用表测试是否有短路现象，即测试 5V、3.3V 和 GND 三个网络相互之间是否短路。注意，JTAG/SWD 调试接口（J8）的开口朝外，切莫将方向焊反。

　　验证方法：焊接完第五步后，在上电之前，首先检查 5V、3.3V 和 GND 三个网络相互之间是否短路。确认没有出现短路现象，再使用通信-下载模块对 STM32 核心板供电。供电后，使用万用表的电压挡检测 5V 和 3.3V 的测试点的电压是否正常。STM32 核心板的电源指示灯（PWR）应为红色点亮状态，电路板上的蓝灯和绿灯应交替闪烁，串口能正常向计算机发送数据，OLED 能够正常显示日期和时间。可以将 ST-Link 连接到 JTAG/SWD 调试接口进行程序下载。注意，将 ST-Link 连接到 JTAG/SWD 调试接口进行程序下载的方法可参见 3.7 节。

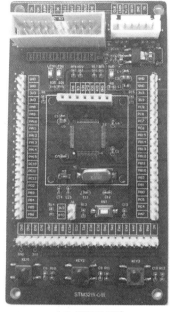

（a）焊接后效果　　　　　　　　　　（b）上电后效果

图 4-6　焊接第五步完成后的效果图

4.5　元器件焊接方法详解

STM32 核心板使用到的元器件有 24 种，读者只需要掌握其中 8 类有代表性的元器件的焊接方法即可，这 8 类元器件的焊接方法几乎覆盖了所有元器件的焊接方法。这 8 类元器件包括 STM32F103RCT6 芯片、贴片电阻（电容）、发光二极管、肖特基二极管、低压差线性稳压电源芯片、晶振、贴片轻触开关、直插元器件。

如果按封装来分，24 种元器件还可以分为两类：直插元器件和贴片元器件。STM32 核心板上的绝大多数元器件都是贴片元器件，只有不得已才使用直插元器件。这是因为贴片元器件相对于直插元器件主要具有以下优点：（1）贴片元器件体积小、重量轻，容易保存和邮寄，易于自动化加工；（2）贴片元器件比直插元器件容易焊接和拆卸；（3）贴片元器件的引入大大提高了电路的稳定性和可靠性，对于生产来说也就是提高了产品的良率。因此，STM32 核心板上凡是能使用贴片封装的，通常不会使用直插元器件。同时，也建议读者在后续进行电路设计时尽可能选用贴片元器件。

4.5.1　STM32F103RCT6 芯片焊接方法

STM32 核心板上最难焊接的当属封装为 LQFP64 的 STM32F103RCT6 芯片。对于刚刚接触焊接的人来说，引脚密集的芯片会让人感到头痛，尤其是这种 LQFP 封装的芯片，因为这种芯片的相邻引脚间距常常只有 0.5mm 或 0.8mm。实际上，只要掌握了焊接技巧，这种芯片相对于以往的直插元器件（如 DIP40）焊接起来会更加简单、容易。

对于焊接贴片元器件来说，元器件的固定非常重要。有两种常用的元器件固定方法，单脚固定法和多脚固定法。像电阻、电容、二极管和轻触开关等引脚数为 2~5 个的元器件常常采用单脚固定法。而多引脚且引脚密集的元器件（如各种芯片）则建议采用多脚固定法。此外，焊接时要注意控制时间，不能太长也不能太短，一般在 1~4s 内完成焊接。时间过长容易损坏元器件，时间太短则焊锡不能充分熔化，造成焊点不光滑、有毛刺、不牢固，也可能出现虚焊现象。

焊接 STM32F103RCT6 芯片所采用的就是多脚固定法。下面详细介绍如何焊接 STM32F103RCT6 芯片。

（1）往 STM32F103RCT6 芯片封装的所有焊盘上涂一层薄薄的锡，如图 4-7 所示。

图 4-7 往 STM32F103RCT6 芯片引脚上涂上焊锡的效果图

图 4-8 放置 STM32F103RCT6 芯片

（2）将 STM32F103RCT6 芯片放置在 STM32 电路板的 U1 位置，如图 4-8 所示，在放置时务必确保芯片上的圆点与电路板上丝印的圆点同向，而且放置时芯片的引脚要与电路板上的焊盘一一对齐，这两点非常重要。芯片放置好后用镊子或手指轻轻压住以防芯片移动。

（3）用电烙铁的斜刀口轻压一边的引脚，把锡熔掉从而将引脚和焊盘焊在一起，如图 4-9 所示。要注意在焊接第一个边的时候，务必将芯片紧紧压住以防止芯片移动。再以同样的方法焊接其余三边的引脚。

图 4-9 焊接 STM32F103RCT6 的引脚

（4）STM32F103RCT6 芯片焊完之后，还有很重要的一步，就是用万用表检测 64 个引脚之间是否存在短路，以及每个引脚是否与对应的焊盘虚焊。短路主要是由于相邻引脚之间的锡渣把引脚连在一起所导致的。检测短路前，先将万用表旋到短路检测挡，然后将红、黑表笔分别放在 STM32F103RCT6 芯片两个相邻的引脚上，如果万用表发出蜂鸣声，则表明两个引脚短路。虚焊是由于引脚和焊盘没有焊在一起所导致的。将红、黑表笔分别放在引脚和对应的焊盘上，如果蜂鸣器不响，则说明该引脚和焊盘没有焊在一起，即虚焊，需要补锡。

（5）清除多余的焊锡。清除多余的焊锡有两种方法：吸锡带吸锡法和电烙铁吸锡法。①吸锡带吸锡法：在吸锡带上添加适量的助焊剂（松香），然后用镊子夹住吸锡带紧贴焊盘，把干净的电烙铁头放在吸锡带上，待焊锡被吸入吸锡带中时，再将电烙铁头和吸锡带同时撤离焊盘。如果吸锡带粘在了焊盘上，千万不要用力拉扯吸锡带，因为强行拉扯会导致焊盘脱落或将引脚扯歪。正确的处理方法是重新用电烙铁头加热后，再轻拉吸锡带使其顺利脱离焊盘。②电烙铁吸锡法：在需要清除焊锡的焊盘上添加适量的松香，然后用干净的电烙铁把锡渣熔解后将其一点点地吸附到电烙铁上，再用湿润的海绵把电烙铁上的锡渣擦拭干净，重复上述操作直到把多余的焊锡清除干净为止。

4.5.2　贴片电阻（电容）焊接方法

本书中贴片电阻（电容）的焊接采用单脚固定法。下面详细说明如何焊接贴片电阻。

（1）先往贴片电阻的一个焊盘上加适量的锡，如图 4-10 所示。

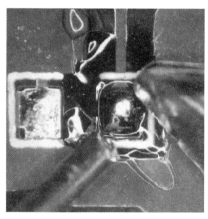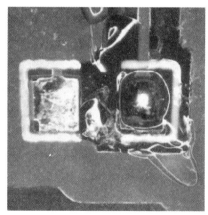

图 4-10　往贴片电阻的一个焊盘上加锡

（2）使用电烙铁头把（1）中的锡熔掉，用镊子夹住电阻，轻轻将电阻的一个引脚推入熔解的焊锡中，时间约为 3~5s，如图 4-11（a）所示。然后移开电烙铁，此时电阻的一个引脚已经固定好，如图 4-11（b）所示。如果电阻的位置偏了，则把锡熔掉，重新调整位置。

（3）如图 4-12（a）所示，用同样的方法焊接电阻的另一个引脚。注意，加锡要快，焊点要饱满、光滑、无毛刺。焊接完第二个引脚后的效果图如图 4-12（b）所示。焊接完成后，测试电阻两个引脚之间是否短路，再测试电阻引脚与焊盘之间是否虚焊。

（a）　　　　　　　　　　　　（b）

图 4-11　焊接贴片电阻的一个引脚

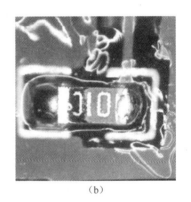

（a）　　　　　　　　　　　　（b）

图 4-12　焊接贴片电阻的另一个引脚

4.5.3　发光二极管（LED）焊接方法

与焊接贴片电阻（电容）的方法类似，焊接发光二极管（LED）采用的也是单脚固定法。下面详细介绍如何焊接发光二极管。

（1）发光二极管和电阻（电容）不同，电阻（电容）没有极性，而发光二极管有极性。首先往发光二极管的正极所在的焊盘上加适量的锡，如图 4-13 所示。

（2）使用电烙铁头把（1）中的锡熔掉，用镊子夹住发光二极管，轻轻将发光二极管的正极（绿色的一端为负极，非绿色一端为正极）引脚推入熔解的焊锡中，时间约为 3~5s，然后移开电烙铁，此时发光二极管的正极引脚已经固定好，如图 4-14 所示。需要注意的是，电烙铁头不可碰及贴片 LED 灯珠胶体，以免高温损坏 LED 灯珠。

图 4-13　往发光二极管正极
所在焊盘上加锡

（3）用同样的方法焊接发光二极管的负极引脚，如图 4-15 所示。焊接完后检查发光二极管的方向是否正确，并测试是否存在短路和虚焊现象。

图 4-14 焊接发光二极管的正极引脚   图 4-15 焊接发光二极管的负极引脚

4.5.4 肖特基二极管（SS210）焊接方法

焊接肖特基二极管（SS210）仍采用单脚固定法，在焊接时也要注意极性。下面详细介绍如何焊接肖特基二极管（SS210）。

（1）肖特基二极管也有极性。首先往肖特基二极管的负极所在的焊盘上加适量的锡，如图 4-16 所示。

（2）使用电烙铁头把（1）中的锡熔掉，用镊子夹住肖特基二极管，轻轻将负极（有竖向线条的一端为负极）引脚推入熔解的焊锡中，时间约为 3～5s，然后移开电烙铁，此时肖特基二极管的负极引脚已经固定好，如图 4-17 所示。

图 4-16 往肖特基二极管负极所在焊盘上加锡

（3）用同样的方法焊接正极，如图 4-18 所示。焊接完后检查肖特基二极管的方向是否正确，并测试是否存在短路和虚焊现象。

图 4-17 焊接肖特基二极管的负极引脚   图 4-18 焊接肖特基二极管的正极引脚

4.5.5 低压差线性稳压芯片（AMS1117）焊接方法

STM32 核心板上的低压差线性稳压芯片（AMS1117）有 4 个引脚，焊接采用的同样是单脚固定法。下面详细介绍焊接低压差线性稳压芯片（AMS1117）的方法。

（1）先往低压差线性稳压芯片（AMS1117）的最大引脚所对应的焊盘上加适量的锡，再用镊子夹住芯片，轻轻将最大引脚推入熔解的焊锡中，时间约为 3~5s，然后移开电烙铁，此时芯片最大的引脚已经固定好，如图 4-19 所示。

图 4-19 焊接低压差线性稳压芯片的最大引脚

（2）向其余 3 个引脚分别加锡，如图 4-20 所示。焊接完后测试是否存在短路和虚焊现象。

图 4-20 焊接低压差线性稳压芯片的其余引脚

4.5.6 晶振焊接方法

STM32 核心板上有两个晶振，分别是尺寸大一点的 8MHz 晶振（Y1）和尺寸小一点的 32.7568kHz 晶振（Y2），这两个晶振都只有 2 个引脚，焊接时采用单脚固定法。由于两种晶振的焊接方式一样，下面以 8MHz 晶振为例介绍焊接方法。

（1）先往其中一个焊盘上加适量的锡，如图 4-21 所示。这两个晶振都没有正负极之分。

（2）使用电烙铁头把（1）中的锡熔掉，用镊子夹住晶振，轻轻将晶振的一个引脚推入熔解的焊锡中，时间约为 3~5s，然后移开电烙铁，此时晶振的一个引脚已经固定好，如图 4-22 所示。

图 4-21　往焊盘上加锡　　　　　　　图 4-22　焊接晶振的一个引脚

（3）用同样的方法焊接晶振的另一个引脚，如图 4-23 所示。焊接完后，测试晶振是否存在短路和虚焊现象。

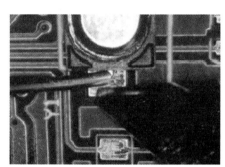 

图 4-23　焊接晶振的另一个引脚

4.5.7　贴片轻触开关焊接方法

STM32 核心板的底部有三个轻触开关（KEY1、KEY2、KEY3），这种轻触开关只有 4 个引脚，焊接时采用单脚固定法。下面详细介绍 4 脚贴片轻触开关的焊接方法。

（1）先往其中一个焊盘上加适量的锡，如图 4-24 所示。

（2）如图 4-25（a）所示，使用电烙铁头把（1）中的锡熔解，用镊子夹住轻触开关，轻轻将轻触开关的一个引脚推入熔解的焊锡中，时间约为 3 ~5s，然后移开电烙铁，此时轻触开关的一个引脚已经固定好，如图 4-25（b）所示。

图 4-24　往轻触开关其中一个引脚所在焊盘上加锡

（3）继续焊接其余 3 个引脚，如图 4-26 所示。焊接完后测试是否存在短路和虚焊现象。

（a）　　　　　　　　　　　　　　（b）

图 4-25　焊接轻触开关的一个引脚

图 4-26　焊接轻触开关的其余 3 个引脚

4.5.8　直插元器件焊接方法

STM32 核心板上的绝大多数元器件都是贴片封装，但是也有一些元器件，如排针、插座等，属于直插封装。直插封装的焊接步骤如下：按照电路板上的编号，将直插元器件插入对应的位置，有方向和极性的元器件要注意不要插错；直插元器件定位完成后，再将电路板反过来放置，用电烙铁给其中一个焊盘上锡，焊接对应的引脚；重复以上步骤焊接其余引脚。下面介绍如何焊接 2 脚排针。

（1）在 STM32 核心板上找到编号 J6，将 2 脚排针插入对应的位置，注意将短针插入电路板中，如图 4-27 所示。

（2）将电路板反过来放置，用电烙铁给其中一个焊盘加锡，如图 4-28 所示。

图 4-27　将 2 脚排针插入电路板上相应的位置　　　图 4-28　给其中一个焊盘加锡

（3）用同样的方法焊接另一个引脚，如图 4-29 所示。焊接完后测试是否存在短路和虚焊现象。

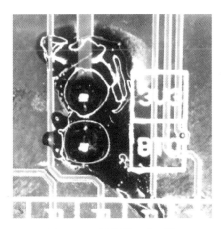

图 4-29　焊接另一个引脚

 本章任务

学习完本章后，应能熟练使用焊接工具，完成至少一块 STM32 核心板的焊接，并验证通过。

****

 本章习题

1. 焊接电路板的工具都有哪些？简述每种工具的功能。
2. 万用表是进行焊接和调试电路板的常用仪器，简述万用表的功能。

第 5 章　Altium Designer 软件介绍

常用的电路板设计软件有 Altium Designer、PADS 和 Cadence Allegro 等，本书使用 Altium Designer 软件进行电路设计与制作。Altium Designer 是 Protel 软件的开发商 Altium 公司推出的一体化的电子产品开发系统，主要运行在 Windows 操作系统上。该软件通过将原理图设计、电路仿真、PCB 绘制编辑、拓扑逻辑自动布线、信号完整性分析和设计输出等技术完美地融合，为设计者提供了全新的设计解决方案，使设计者可以轻松设计。熟练使用这一软件能够大大提高电路设计的质量和效率。本章将重点介绍 Altium Designer 15 软件的安装及配置。

学习目标：

➢ 掌握 Altium Designer 15 软件的安装。
➢ 掌握 Altium Designer 15 软件的配置。

 ## 5.1　PCB 设计软件介绍

PCB 产业发展到目前为止经历了许多变革。从开始的众多厂商在自己擅长的领域发展，到后期不断地修改和完善，或优存劣汰、或收购兼并、或强强联合，如今在国内被人们熟知的 PCB 设计软件厂商主要有 Altium、Cadence 和 Mentor，它们出品的 PCB 设计软件分别是 Altium Designer、Cadence Allegro 和 PADS。

Altium Designer，也就是以前的 Protel，在人性化方面做得较好，上手也比较容易，但是 Altium Designer 对系统配置要求较高，运行时占据太多系统资源，布线时有时不够流畅，对于复杂的高速多层板设计，效率较低。PADS 相对来说是一款中规中矩的软件，界面不如 Altium Designer 美观，但运行时不会占据太多的系统资源。Cadence Allegro 在三款软件中最为严谨，因此上手要花费较多时间，但适合做高端 PCB 设计以及信号完整性分析。

三款软件各有千秋，至于使用哪一款，因人而异，建议选择一款适合自己的使用，毕竟这些软件都是相通的，掌握了其中一种，其他的学起来也不会很难。软件只是工具，最重要的是掌握设计思想。

 ## 5.2　硬件系统配置要求

Altium 公司推荐的系统配置如下。

（1）操作系统

Windows XP、Windows 7、Windows 8、Windows 10。本书是基于 Windows 7 操作系统编写的，基于其他操作系统的操作略有差异。

（2）硬件配置

➢ CPU：主频不低于 2.0GHz；

➢ 内存：2GB 或更大；

➢ 硬盘：20GB 或更大；

➢ 显示器：分辨率不低于 1024×768ppi。

5.3　Altium Designer 15 软件安装

在本书提供的资料包中的 Software＼Altium Designer 15.0＼Altium Designer 15.0.7 Build 36915 目录下，双击“AltiumDesignerSetup15_0_7.exe”，在弹出的对话框中，单击“Next”按钮，如图 5-1 所示。

图 5-1　Altium Designer 安装步骤一

弹出如图 5-2 所示的对话框，勾选“I accept the agreement”项，然后单击“Next”按钮。

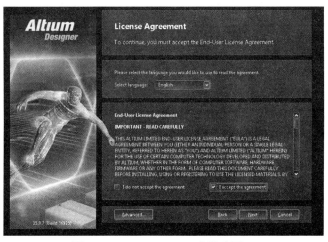

图 5-2　Altium Designer 安装步骤二

如图 5-3 所示，直接单击"Next"按钮。

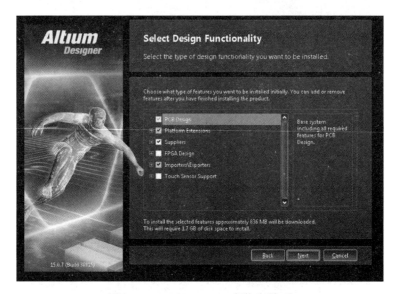

图 5-3　Altium Designer 安装步骤三

在如图 5-4 所示的对话框中，选择软件安装路径（Program Files）和共享文件路径（Shared Documents），这里建议安装在 C 盘，然后单击"Next"按钮。读者也可以根据自己的习惯选择安装路径。

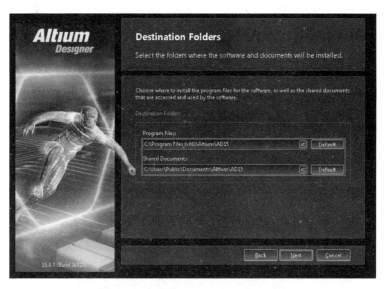

图 5-4　Altium Designer 安装步骤四

弹出如图 5-5 所示的对话框，单击"Next"按钮。可以看到，软件已经开始安装，如图 5-6 所示。

软件安装完成后，弹出如图 5-7 所示的对话框，取消"Run Altium Designer"项的勾选，即表示软件安装完成后，不直接运行 Altium Designer 软件，最后单击"Finish"按钮。

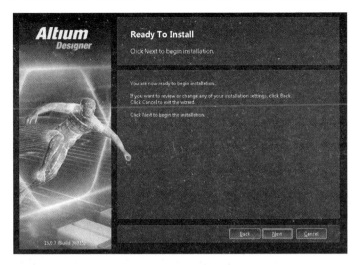

图 5-5　Altium Designer 安装步骤五

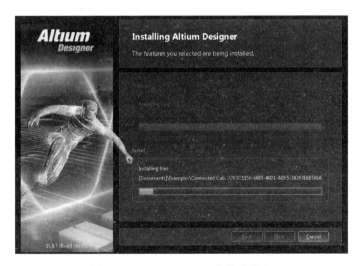

图 5-6　Altium Designer 安装步骤六

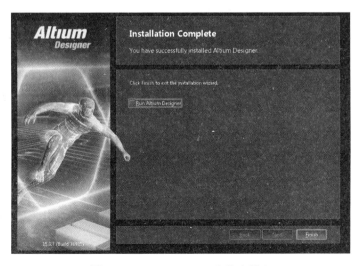

图 5-7　Altium Designer 安装步骤七

5.4　Altium Designer 15 软件配置

在计算机的开始菜单中，单击"Altium Designer"，启动 Altium Designer 软件，可以看到启动界面如图 5-8 所示。

图 5-8　Altium Designer 软件配置步骤一

Altium Designer 软件运行后，会弹出如图 5-9 所示的 Storage Manager 面板，单击右上角的"×"按钮，关闭该面板。

图 5-9　Altium Designer 软件配置步骤二

在如图 5-10 所示的界面中，单击"Add standalone license file"选项。

在 Standalone-Offline 栏中，添加许可证文件，如果读者已经获得许可证文件（*.alf），只需将已有的 .alf 文件复制到软件安装文件夹下并选择该 .alf 文件，然后单击打开。.alf 文件加载完成后，界面会显示 Avalable Licenses-Licensed to …如图 5-11 所示，表示已经取得授权。

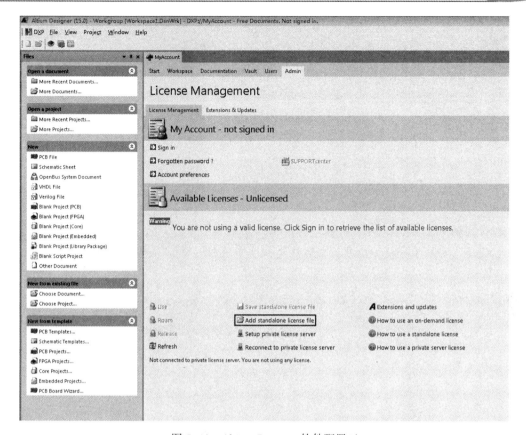

图 5-10　Altium Designer 软件配置三

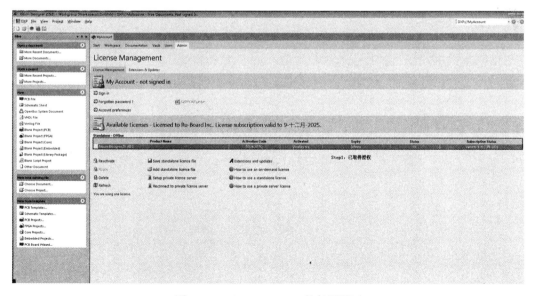

图 5-11　Altium Designer 软件配置四

由于篇幅有限，本书只对 Altium Designer 软件的安装和配置做简要介绍，如果读者在安装和配置过程中遇到问题，可以通过微信公众号"卓越工程师培养系列"中的"资料包"→"AD15 版资料"下载 Software 文件夹，可参见其中的"Altium Designer15 安装和配置教程"。

本章任务

完成本章的学习后，应能够在计算机上完成 Altium Designer 15 软件的安装和配置。

****

本章习题

1. 常用的 PCB 设计软件有哪些？简述各种 PCB 设计软件的特点。
2. 简述 Altium Designer 软件的发展历史和演变过程。

第6章 STM32 核心板原理图设计

在电路设计与制作过程中，电路原理图设计是整个电路设计的基础。如何将 STM32 核心板电路通过 Altium Designer 软件用工程表达方式呈现出来，使电路符合需求和规则，就是本章要介绍的内容。通过本章的学习，读者将能够完成整个 STM32 核心板原理图的绘制，为后续进行 PCB 设计打下基础。

学习目标：

➢ 了解用 Altium Designer 15 软件进行原理图设计的流程。

➢ 掌握基于 Altium Designer 15 软件的 PCB 工程创建方法。

➢ 掌握基于 Altium Designer 15 软件的 STM32 核心板原理图绘制方法。

6.1 原理图设计流程

STM32 核心板的电路原理图设计流程如图 6-1 所示，具体流程如下：（1）打开 Altium Designer 软件，创建一个 STM32 核心板的 PCB 工程；（2）在已经创建的 PCB 工程中，新建一个 STM32 核心板原理图；（3）在 Altium Designer 软件中，对必要的原理图设计规范进行设置；（4）加载 STM32 核心板所需元器件的集成库；（5）在原理图视图中，放置元器件；（6）连线；（7）对整个原理图进行编译。在放置元器件和连线部分，本书仅以"JTAG/SWD 调试接口电路"为例进行讲解，其余模块可参见本书配套资料包中的 PDFSchDoc 目录下的"STM32CoreBoard. pdf"文件，或者参见附录（STM32 核心板 PDF 版本原理图）。

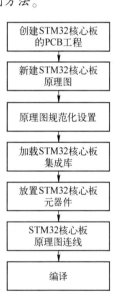

图 6-1　STM32 核心板的电路
原理图设计流程图

6.2 创建 PCB 工程

一个完整的 PCB 工程包括集成库、原理图和 PCB 三部分，其中集成库又由原理图库和 PCB 库组成，如图 6-2 所示。下面详细介绍如何创建 STM32 核心板的 PCB 工程。

（1）在计算机上新建一个空的文件夹，命名为"STM32CoreBoard-V1. 0. 0-20171215"（文

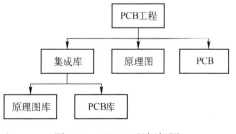

图 6-2　PCB 工程框架图

件夹命名规则：工程-版本-日期）。

（2）打开 Altium Designer 软件，执行菜单命令 File→New→Project，如图 6-3 所示。

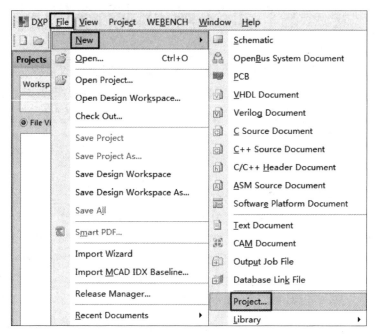

图 6-3　新建 PCB 工程步骤一

（3）在弹出的对话框（见图 6-4）中，需要选择工程类型（Project Types），并在 Name 和 Location 栏中分别输入工程名称和工程保存路径。这里，工程类型选择"PCB Project"，

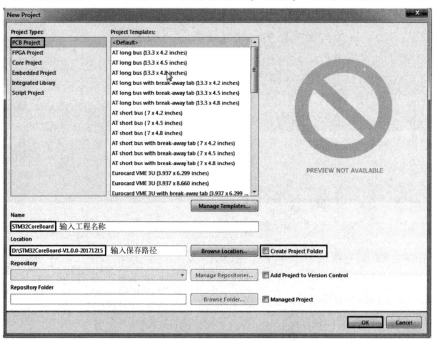

图 6-4　新建 PCB 工程步骤二

Name 栏输入"STM32CoreBoard"，Location 栏输入"D：\STM32CoreBoard-V1.0.0-20171215"，然后，取消勾选"Create Project Folder"项，最后单击"OK"按钮。注意，"STM32CoreBoard-V1.0.0-20171215"是文件夹的完整名称，该名称表示 PCB 的工程名为 STM32CoreBoard，版本为 V1.0.0，创建或修改日期为 2017 年 12 月 15 日，该工程位于 D 盘中。工程文件夹的保存路径可以自由选择，不一定放在 D 盘中，但是完整的工程文件夹和工程一定要严格按照规范进行命名，养成良好的规范习惯。

　　第二步完成后，在 Altium Designer 软件的 Projects 面板中出现新建的工程文件，如图 6-5 所示，工程名为 STM32CoreBoard，后缀为 .PrjPcb。由于该工程中没有任何内容，因此工程文件下显示"No Documents Added"。

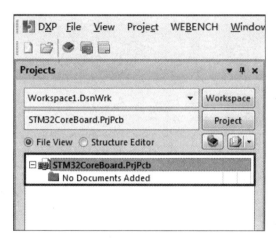

图 6-5　STM32CoreBoard 工程

　　下面简要介绍工程文件夹和工程的命名规范。三种常用的命名方式是骆驼命名法（Camel-Case）、帕斯卡命名法（Pascal-Case）和匈牙利命名法（Hungarian）。本书只使用帕斯卡命名法。帕斯卡命名法的规则是每个单词的首字母大写，其余字母小写，如 DisplayInfo、PrintStuName。

　　例如，在本书中，PCB 工程命名为"STM32CoreBoard"，就是帕斯卡命名法，表示 STM32 Core Board，即 STM32 核心板。但是由于 PCB 工程往往都是迭代的，绝大多数 PCB 工程的完成都要经历若干天、若干版本，最终才能获得稳定版本，因此，本书建议工程文件夹的命名格式为"工程名+版本号+日期+字母版本号（可选）"，如文件夹 STM32CoreBoard-V1.0.0-20171215 表示工程名为 STM32CoreBoard，修改日期为 2017 年 12 月 15 日，版本为 V1.0.0；又如文件夹 STM32CoreBoard-V1.0.0-20171215B 表示 2017 年 12 月 15 日修改了三次，第一次修改后的名为 STM32CoreBoard-V1.0.0-20171215，第二次为 STM32CoreBoard-V1.0.0-20171215A；再如文件夹 STM32CoreBoard-V1.0.2-20171215C 表示已经打样了三次，第一次为 V1.0.0，第二次为 V1.0.1，第三次为 V1.0.2。

　　简单总结如下：工程文件夹的命名由工程名、版本号、日期和字母版本号（可选）组成。其中"工程名"按照帕斯卡命名法进行命名。"版本号"从 V1.0.0 开始，每次打样后版本号加 1，如第一次打样的版本为 V1.0.0，第二次打样的版本为 V1.0.1，第三次打样的版本为 V1.0.2。PCB 稳定后的发布版本只保留前两位，如 V1.0.2 版本经过测试稳定了，在

PCB 发布时将版本号改为 V1.0。"日期"为 PCB 工程修改或完成的日期，如果一天内经过了若干次修改，则通过"字母版本号（可选）"进行区分。

 ## 6.3 创建新原理图文件

如图 6-6 所示，在 Projects（工程）面板中右击工程文件 STM32CoreBoard. PrjPcb，在弹出的快捷菜单中，依次单击 Add New to Project→Schematic 命令，在 STM32CoreBoard 工程文件中新建一个电路原理图文件，系统默认文件名为 Sheet1. SchDoc。

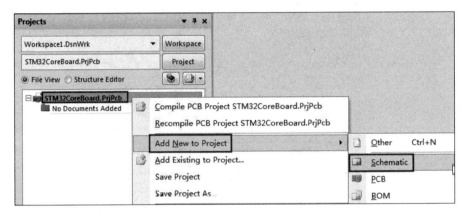

图 6-6 创建新原理图步骤一

为了保持命名一致性，即无论是工程名还是原理图、PCB 文件名，都统一命名为 STM32CoreBoard，这一步将默认的文件名 Sheet1. SchDoc 改为 STM32CoreBoard. SchDoc。如图 6-7 所示，右击 Sheet1. SchDoc 文件，在弹出的快捷菜单中单击"Save As"命令。

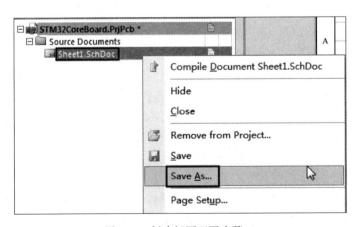

图 6-7 创建新原理图步骤二

在弹出的对话框（见图 6-8）中，保存路径选择 PCB 工程所在的文件夹，将原理图命名为 STM32CoreBoard，然后单击"保存"按钮。

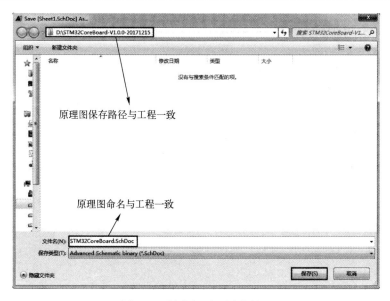

图 6-8　创建新原理图步骤三

原理图保存完毕后，自动进入如图 6-9 所示的原理图设计系统环境。

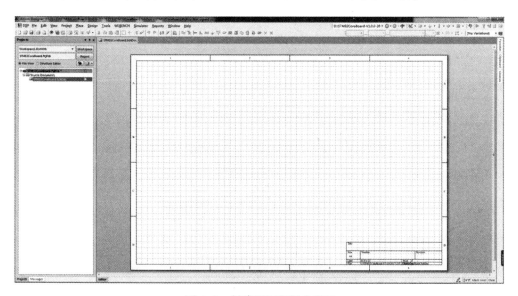

图 6-9　创建新原理图步骤四

 6.4　原理图规范

在绘制原理图之前，需要先进行规范化设置。依次设置：（1）可视栅格和捕捉栅格；（2）纸张大小；（3）右下角的标题。

6.4.1 设置可视栅格和捕捉栅格

可视栅格和捕捉栅格的作用是，在画图时，让零件、导线排列整齐、美观。可视栅格就是在原理图和 PCB 的编辑界面中可以看到的栅格，其作用是便于将元器件摆放整齐，还可以帮助计算间距。捕捉栅格是看不到的，一般用于引脚之间的连线，光标移动时会自动捕捉到可连接的点，方便连线。设置合理的栅格，可以让原理图更加合理、美观，同一个项目组的各成员设置统一的栅格，便于项目同步和管理。下面讲解可视栅格和捕捉栅格的设置方法。

首先，在原理图设计系统环境中，执行菜单命令 Design→Document Options，或按快捷键 D+O，打开 Document Options 对话框，如图 6-10 所示。在 Units 标签页中的 Imperial unit used 下拉菜单中选择"Dxp Defaults"，表示使用的是英制单位，且英制单位选择的是默认方式，这样就设置好了原理图栅格单位。

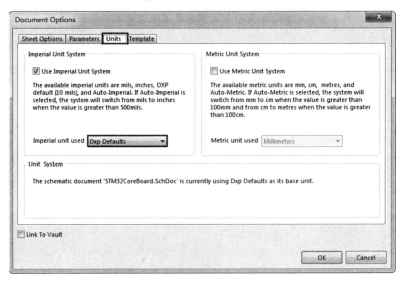

图 6-10　Document Options 对话框

同样在 Document Options 对话框中，打开 Sheet Options 标签页，在 Snap 和 Visible 编辑框中均输入"10"，表示捕捉栅格和可视栅格均设置为 10 个单位，如图 6-11 所示，这样就设置好了栅格最小值。

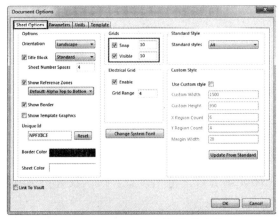

图 6-11　设置原理图栅格最小值

6.4.2　设置纸张大小

由于 STM32 核心板的原理图相对较简单，A4 大小的纸即可列出所有元器件，因此，在 Sheet Options 标签页中，在 Standard styles 下拉菜单中选择 "A4"，如图 6-12 所示，这样就设置好了纸张大小。

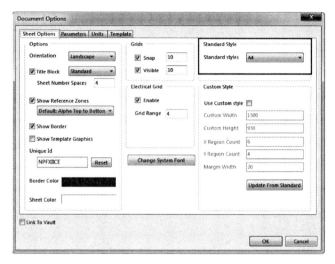

图 6-12　设置原理图纸张大小

6.4.3　设置右下角标题

每张规范的原理图都应该有标题栏，标题栏一般包括原理图文件名、版本号、页面尺寸、页码、总页码数、作者和日期等信息。为了统一，本书使用了自定义的标题栏，在添加自定义的标题栏之前，需要先去掉 Altium Designer 软件自动生成的标题栏。在 Document Options 对话框的 Sheet Options 标签页中，取消勾选 "Title Block" 项，再单击 "OK" 按钮，如图 6-13 所示，这样软件自带的标题栏就会消失。

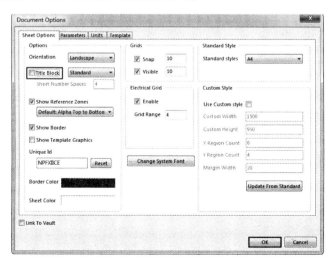

图 6-13　取消 Altium Designer 自带的标题栏

然后，添加自定义的标题栏。在原理图设计系统环境中，执行菜单命令 Design→Project Templates→Choose a File，如图 6-14 所示，添加自己设计的标题栏。

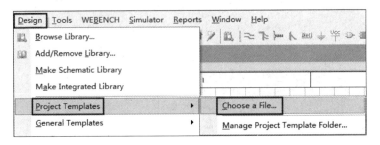

图 6-14　添加自定义标题栏步骤一

在弹出的模板选择对话框中，从本书配套资料包的 ProjectStepByStep 目录下找到并打开 SchTitleDemo. SchDot 文件，如图 6-15 所示。

图 6-15　添加自定义标题栏步骤一

在弹出的 Update Template 对话框（见图 6-16）中，保持默认选择，单击"OK"按钮。

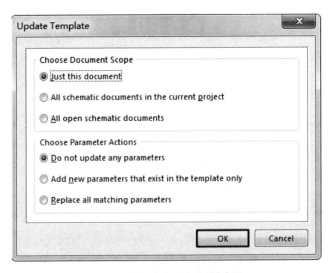

图 6-16　添加自定义标题栏步骤二

在弹出的 Information 对话框（见图 6-17）中，单击"OK"按钮。

图 6-17　添加自定义标题栏步骤三

此时，在 原 理 图 的 右 下 角 可 以 看 到 标 题 栏，如 图 6 - 18 所 示，文 件 名 为 STM32CoreBoard. SchDoc。文件名是自动生成的，直接取自原理图的"文件名+后缀"。

DocumentName: STM32CoreBoard. SchDoc	
Revision:	Size:
SheetNumber:	SheetTotal:
Author:	Date:

图 6-18　添加自定义标题栏步骤四

在原理图设计环境中，按快捷键 P+T，指针处会显示"Text"。接着，按 Tab 键，在弹出的 Annotation 对话框中，按照图 6-19 所示，输入版本号，即 V1.0.0，并对字体进行调整。最后单击"OK"按钮，将"V1.0.0"粘贴到标题栏的 Revision 一栏中。

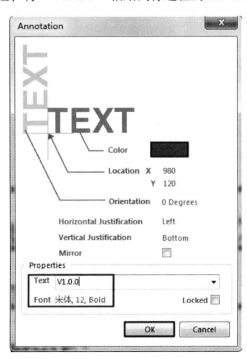

图 6-19　在标题栏中添加版本号

按照同样的方法，依次添加页面尺寸（A4）、页码（1）、总页码数（1）、作者（张三）和日期（2017/12/15）等信息。全部信息输入完毕后的标题栏如图 6-20 所示。

DocumentName: STM32CoreBoard.SchDoc	
Revision: V1.0.0	Size: A4
SheetNumber: 1	SheetTotal: 1
Author: 张三	Date: 2017/12/15

图 6-20　完整的标题栏

6.5　快捷键介绍

Altium Designer 软件提供了非常丰富的快捷键，每个快捷键的使用方法都可以在软件中查看，方法是单击 Altium Designer 软件右下角的"Shortcuts"按钮，如图 6-21 所示。

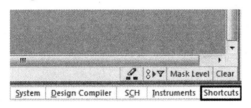

图 6-21　查看快捷键

在弹出的面板中，可以查看各种快捷键。Altium Designer 提供了三种排序方式，分别是按照名称（By Name）排序、按照分类（By Category）排序、按照快捷键（By Shortcut）排序，如图 6-22 所示。

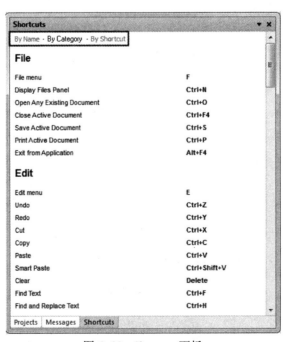

图 6-22　Shortcuts 面板

　　尽管 Altium Designer 软件提供了非常丰富的快捷键，但是读者没有必要记住每个快捷键，因为常用的快捷键非常有限，读者只需要记住表 6-1 所列出的快捷键及其功能即可。

表 6-1　常用快捷键及其说明

序　　号	快　　捷　　键	快捷键说明
1	鼠标滚轮	上下移动画面
2	Shift+鼠标滚轮	左右移动画面
3	Ctrl+鼠标滚轮	缩放画面
4	V+D	显示整个画面
5	Ctrl+F	查找元器件
6	Shift+F	查找相似对象
7	空格键	90°旋转元器件
8	D+O	打开文档选项
9	P+T	添加文本
10	G	设置栅格大小

6.6　加载元器件库

　　绘制原理图的第一步是将所需要的元器件符号放置在图纸上。Altium Designer 软件是专业的 PCB 设计工具，常用的电子元器件符号都可以在它的元器件库中找到，读者只需要在元器件库中查找所需的元器件符号，并将其放置在图纸适当的位置即可。

　　Altium Designer 对元器件库进行了严格的分类，绘制电路原理图时，需要从各种元器件库中查找元器件。初学者操作起来会有些费时，即使对于简单的 STM32 核心板而言，要把所有使用到的元器件找齐，也需要花费较大的精力。为了降低学习电路设计的难度，减少入门所需的时间，本书专门设计好了 STM32 核心板所使用的所有电子元器件的各种库。读者可以在本书配套资料包中的 AltiumDesignerLib 目录下找到原理图库（SchLib）、PCB 库（PCBLib）、3D 库（3DLib）和集成库（IntLib）。

　　原理图库存放的是各种元器件的电气性能图形符号，PCB 库存放的是各种元器件的 PCB 封装，3D 库存放的是各种元器件的 3D 模型，集成库存放的是各种元器件的电气性能图形符号、PCB 封装、3D 模型的集成。有了这些库，在调用时就会非常方便。

　　绘制 STM32 核心板原理图，既可以加载原理图库，也可以直接加载集成库。如果使用原理图库，在进行 PCB 设计时还需要重新添加必备的 PCB 库和可选的 3D 库。如果直接使用集成库，在后续进行 PCB 设计时就不用重新添加 PCB 库和 3D 库。因此，建议直接使用集成库，而且本书提供的集成库不仅包含每个元器件的电气性能图形符号和 PCB 封装，还包含 3D 模型。3D 模型的引入可以让整个电路变得更加直观，而且在布局的时候，还可以将结构考虑进去，这样可以大大降低成本，提高效率。

加载 STM32 核心板集成库的方法很简单，首先打开 Libraries 面板，然后加载元器件库，有时还需要卸载元器件库。下面将详细介绍如何加载和卸载元器件库。

6.6.1　打开 Libraries 面板

首先，在原理图设计系统环境中，单击右下角的"System"按钮，然后，在弹出的选项中，勾选"Libraries"项，如图 6-23 所示。

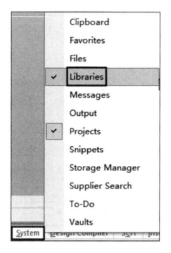

图 6-23　打开 Libraries 选项区域

6.6.2　加载和卸载元器件库方法一

执行上述操作后，在原理图工作区右侧会出现 Libraries 标签页，将指针移到工作区的 Libraries 标签页上，会自动弹出 Libraries 面板，如图 6-24 所示。

图 6-24　Libraries 选项区域

单击 Libraries 面板中的"Libraries"按钮，在弹出的 Available Libraries 对话框中打开 Installed 标签页。首先，通过单击右下角的"Remove"按钮删除系统默认安装的所有元器件库，然后，在 Install 下拉菜单中单击 Install from file 命令，选择库文件，如图 6-25 所示。

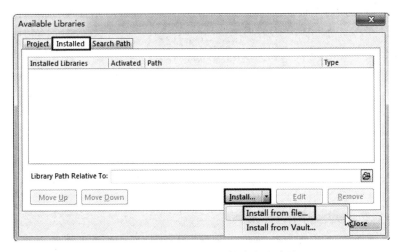

图 6-25　第一种加载元器件库方法步骤一

打开本书配套资料包中的 AltiumDesignerLib\IntLib 目录，找到并选择 STM32CoreBoard. IntLib 文件，即 STM32 核心板的集成库，最后，单击右下角的"打开"按钮，如图 6-26 所示。

图 6-26　第一种加载元器件库方法步骤二

接着，在 Available Libraries 对话框中的 Installed 标签页中就可以看到已加载的 STM32 核心板集成库，如图 6-27 所示，单击"Close"按钮即完成元器件库的加载。注意，这种加载元器件库的方法适用于系统中的任何一个项目。

当不需要某一个元器件库时，可以在 Installed 标签页中，选中要卸载的元器件库，然后单击右下角的"Remove"按钮，即可卸载该元器件库，如图 6-28 所示。

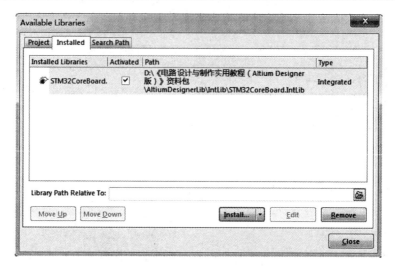

图 6-27　第一种加载元器件库方法步骤三

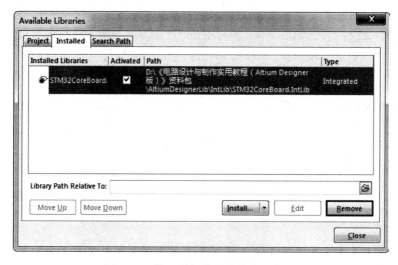

图 6-28　第一种卸载元器件库的方法

6.6.3　加载和卸载元器件库方法二

6.6.2 节介绍的在 Installed 标签页中加载和卸载元器件库的方法适用于系统中的任何一个项目。第二种方法是针对某一个项目进行元器件库的加载和卸载的，因此，通过第二种方法加载的元器件库，只能被当前项目所使用，其他项目无法使用。

同样在 Available Libraries 对话框中，打开 Project 标签页，单击右下角的"Add Library"按钮，如图 6-29 所示。

在 AltiumDesignerLib\IntLib 目录下找到并选择 STM32CoreBoard. IntLib 文件，单击右下角的"打开"按钮，如图 6-30 所示。

元器件库加载完成后，在 Available Libraries 对话框中可以看到已经添加进来的集成库，如图 6-31 所示。

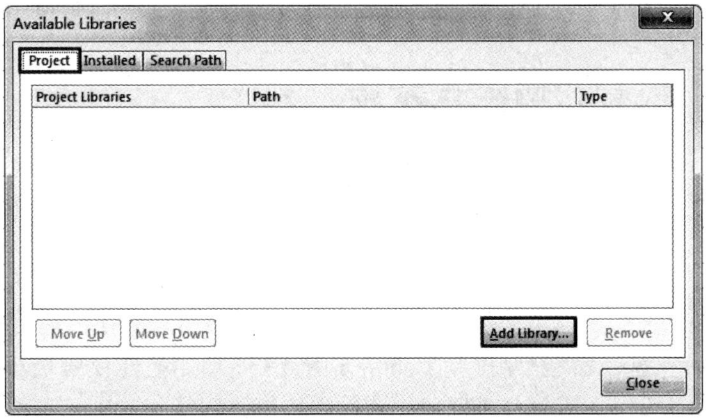

图 6-29　第二种加载元器件库方法步骤一

图 6-30　第二种加载元器件库方法步骤二

图 6-31　第二种加载元器件库方法步骤三

第二种卸载元器件库的方法与第一种方法类似，在 Project 标签页下，选中要卸载的元器件库，然后，单击右下角的"Remove"按钮，即可将该元器件库卸载。

6.7　放置和删除元器件

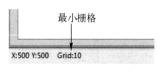

图 6-32　设置最小栅格

利用鼠标放置元器件时，元器件上下左右进行移动的最小栅格可以自行设置，最小栅格可以为 1、5、10。在英文输入法环境下，按快捷键 G 即可进行最小栅格的切换，每按一次，最小栅格就会按 1、5、10、1…循环切换，最小栅格的大小显示在窗口左下角，如图 6-32 所示。建议将最小栅格设置为 10，这样可以使元器件摆放得比较整齐，也会避免元器件之间的连线出现虚连。

如何放置元器件？这里以 STM32 核心板上所使用的 SS210（肖特基）为例进行讲解。首先，在原理图设计环境中，将光标置于工作区的 Libraries 选项卡上，弹出如图 6-33 所示的 Libraries 面板。第一行下拉菜单中包含所有已加载的元器件库，这里只加载了 STM32CoreBoard.IntLib。下面是元器件索引栏，可以在索引栏中输入所要放置的元器件，如输入 SS210。有些元器件库中的元器件很多，没有必要记住元器件库中每一个元器件的名称。为了快速定位元器件，可以在索引栏中输入所要放置的元器件名称的一部分，输入后只有包含输入内容的元器件才会出现在下面的列表中。例如，输入"SS2 *"或者"*210"，浏览页中的 Component Name 栏中将出现 SS210，原理图库视图框中将显示元器件符号，PCB 库视图框中将显示 SMA，3D 视图栏将显示元器件的 SMA 封装的 3D 视图。注意，在输入元器件名称时，"*"代表任意

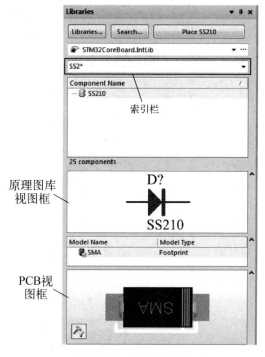

图 6-33　筛选元器件

符号。如果在索引栏中只输入"*"，则表示任意元器件都符合条件，与无筛选条件一样，所有元器件都会显示出来。

在 Component Name 栏中，选中所需元器件并将其拖到原理图工作区合适的位置，松开鼠标即可完成元器件的放置。

由于元器件尚未进行编号，系统默认为"标号?"的编号格式，如电阻为"R?"，电容为"C?"，接插件为"J?"，芯片为"U?"，等等。绘制完整个原理图后，可以执行自动编号。考虑到与本书后续内容保持一致，便于学习和操作，建议读者按照本书提供的 PDF 版本原理图进行元器件编号，这样在后面进行 PCB 布局时，可一一对应地进行操作。待能够熟练使用 Altium Designer 软件自行设计原理图时，再尝试元器件自动编号。

修改元器件编号的方法：双击元器件编号，如 R?、C?、J?、U? 等，在弹出的

Parameter Properties 对话框中，将 Value 栏中的问号用具体数字替换。编号可参照本书配套资料包中 PDFSchDoc 目录下的 STM32CoreBoard.pdf 文件或附录（STM32 核心板 PDF 版本原理图）。

　　下面以 JTAG/SWD 调试接口电路为例来进行说明。从 STM32 核心板的集成库中拖出 5 个 10kΩ 电阻（Component Name 为"10kΩ（1002）±1% SMD0603"）和 1 个简牛（Component Name 为"简牛 2.54mm 2X10P 直"），将所有元器件都放置在栅格上，如图 6-34 所示。然后将电阻的编号依次修改为 R1、R2、R3、R4 和 R5，将简牛的编号修改为 J8。**注意，如果不清楚 STM32 核心板原理图上某个元器件的名称而无法在元器件索引栏进行搜索，可通过元件号（Designator）在表 4-2（STM32 核心板元器件清单）中找到对应的元器件，然后，找到该元器件的注释（Comment），即可用注释进行元器件搜索。**

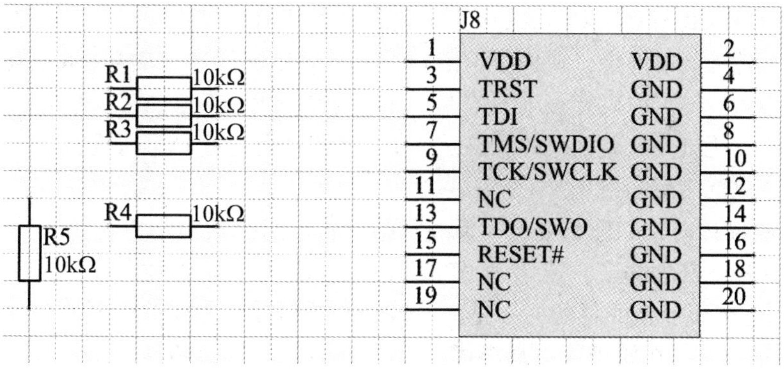

图 6-34　放置 JTAG/SWD 调试接口电路的元器件

　　一个完整的电路包括元器件、电源、地和连线。因此，在 JTAG/SWD 调试接口电路中，还需要增加电源、地和连线。在原理图设计窗口的工具栏中，单击 ⏚ Ucc（地和电源符号）按钮，将地和电源符号放置在合适的位置（具体可参见 STM32CoreBoard.pdf 文件或附录），放置完后单击鼠标右键即可退出放置元器件模式。JTAG/SWD 调试接口电路的元器件、地、电源放置完成的原理图如图 6-35 所示。

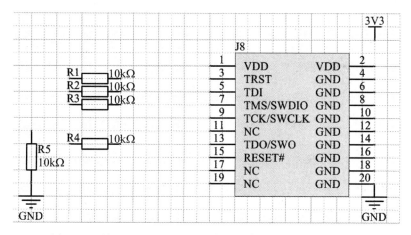

图 6-35　放置 JTAG/SWD 调试接口电路的元器件、地、电源

除了放置元器件，有时还需要删除元器件。删除元器件的方法是：在原理图中选中某个元器件，再按 Delete 键即可将该元器件删除。

6.8　元器件的连线

元器件之间的电气连接主要是通过导线来实现的。导线是电路原理图中最重要、最常用的图元之一。

导线（Wire）是指具有电气性质，用来连接元器件电气点的连线。导线上的任意一点都具有电气性质。执行菜单命令 Place→Wire，或按快捷键 P+W，或单击工具栏中的 ≈（放置线）按钮，指针变成带有十字和红叉，说明已进入连线模式。将指针移动到需要连接的元器件引脚上，单击放置连线的起点，在引脚上出现红叉，表示电气连接成功，如图 6-36 所示。移动指针并多次单击左键可以确定多个固定点，最后放置连线的终点，完成两个元器件之间的电气连线。此时指针仍处于放置连线的状态，重复上述操作可继续放置其他导线。如果需要退出连线模式，单击鼠标右键即可。

在进行电路设计时，一般都要将电源线加粗。将电源线加粗的方法是：连线时，按 Tab 键将线宽设置为"Medium"，或者连完线后双击导线，将线宽设置为"Medium"，如图 6-37 所示。电源线加粗的目的，一是为了区别于信号线；二是在设计 PCB 时，一般低频信号的电源线需加粗，在原理图中加粗可以为 PCB 设计提供对照。

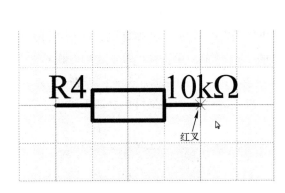

图 6-36　连接元器件

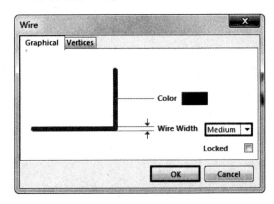

图 6-37　设置导线线宽

网络标号实际上是一个电气连接点，具有相同网络标号的连线表示是连接在一起的，使用网络标号可以避免电路中出现较长的连线，从而使电路原理图可以清晰地表达电路连接的脉络。

放置网络标号的具体方法是：执行菜单命令 Place→Net Label，或按快捷键 P+N，或单击工具栏中的 Net（放置网络标号）按钮，此时指针变成带有十字和红叉，说明已进入网络标号放置模式，然后按 Tab 键，修改网络名称，颜色保持为默认设置，如图 6-38 所示。

由于网络标号实际上是一个电气连接点，因此，与连线一样，当其上的十字变为红叉时，表示已与导线连接上，如图 6-39 所示。

图 6-38　添加网络标号

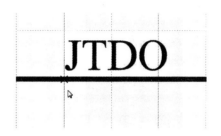

图 6-39　放置网络标号

　　每个原理图都由若干模块组成，在绘制原理图时，建议分块绘制。这样绘制的好处是：（1）检查电路时只需要逐个检查每个模块即可，提高了原理图设计的可靠性；（2）模块可以重用到其他工程中，且经过验证的模块可以降低工程出错的概率。因此，进行原理图设计时，最好在每个模块上添加模块名称。

　　下面以在 STM32 核心板原理图上添加"JTAG/SWD 调试接口电路"模块名称为例进行讲解。执行菜单命令 Place→Text String，或按快捷键 P+T，或单击工具栏中的 按钮，在下拉菜单中找到并单击 A 按钮，此时指针变成带有十字，说明已进入文字添加模式。然后按 Tab 键，修改文字内容，即输入模块名称"JTAG/SWD 调试接口电路"，同时将字体改为"宋体，18"，如图 6-40 所示。

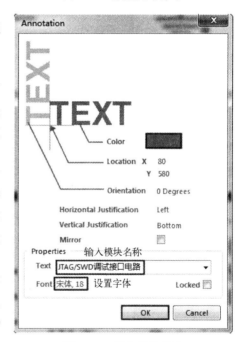

图 6-40　添加模块名称

　　将文字"JTAG/SWD 调试接口电路"添加到如图 6-41 所示的位置。

　　为了更好地区分各个模块，建议将独立的模块用红色的线框隔离开。方法是：执行菜单命令 Place→Drawing Tools→Line，或按快捷键 P+D+L，或单击工具栏中的 按钮，在下拉菜单中找到并单击 按钮，然后按 Tab 键，将颜色设置为红色，线宽设置为"Medium"，如图 6-42所示。

　　为"JTAG/SWD 调试接口电路"模块添加线框后的效果图如图 6-43 所示。

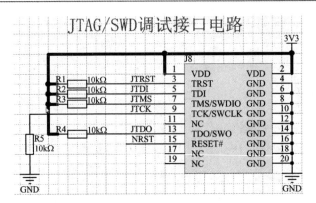

图 6-41　添加"JTAG/SWD 调试接口电路"名称后的效果图

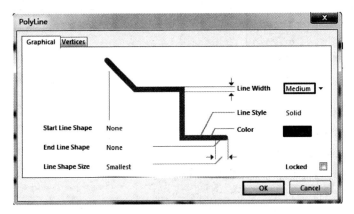

图 6-42　添加线框

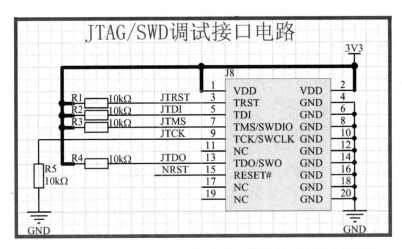

图 6-43　为"JTAG/SWD 调试接口电路"模块添加线框后的效果图

6.9　原理图的编译

原理图设计完成后，需要对原理图的电气连接特性进行自动检查。与其他 PCB 设计软件一样，Altium Designer 也可以对电气规则进行自动检查，错误信息将在 Messages 面板中列出来，同时也会显示在原理图中。读者可以对检查规则进行设置，并根据错误信息对原理图进行修改。需要注意的是，原理图的自动检查机制只是按照所绘原理图中的连接进行检查，系统并不知道原理图的最终效果。因此，如果检查后 Messages 面板中未显示错误信息，并不表示该原理图的设计完全正确。读者还需要将 Messages 面板中的内容与所需要的设计反复进行对照和修改，直到完全正确为止。

如果是第一次使用 Altium Designer 软件进行原理图设计，建议保持系统默认的规则。STM32 核心板原理图设计好之后，可直接对原理图进行编译，即执行菜单命令 Project→Compile Document STM32CoreBoard. SchDoc，由于 STM32 核心板当前的工程中只有一个 STM32CoreBoard. SchDoc 文件，因此，也可直接执行菜单命令 Project→Compile Document STM32CoreBoard. PrjPcb，对整个工程进行编译，如图 6-44 所示。

编译完成后，系统的自动检查结果将出现在 Messages 面板中。在如图 6-45 所示界面中，单击左下角的 "System" 按钮，在弹出的选项中，勾选 "Messages" 项，即可弹出 Messages 面板。

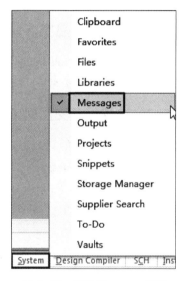

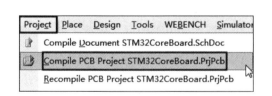

图 6-44　原理图编译　　　　　　　　图 6-45　打开 Messages 面板

若检查原理图后未显示警告或错误，则 Messages 面板为空。当出现 Warning（警告）、Error（错误）、Fatal Error（致命错误）时，这些信息会在 Messages 面板中显示。

如何定位原理图中出现的错误？下面以一个电阻标号错误为例进行讲解。假设 STM32 核心板上的电阻 R4 的标号不小心被标成了 R5，由于 STM32 核心板上已有电阻 R5，因此导致原理图上出现两个电阻 R5，在进行编译时就会出现错误，即在 Messages 面板中出现 "Duplicate Component Designators R5 at xxx and xxx" 的报错。双击该报错信息，系统会弹出 Compile Errors 对话框，显示该项错误的详细信息，同时工作窗口跳转到错误对象所在原理图部分，可以看到，除了错误对象，其余部分都处于被遮掩状态，且错误对象由红色波浪线标出，如图 6-46 所示。

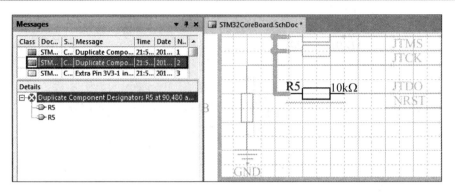

图 6-46　查看原理图错误

6.10　常见问题及解决方法

6.10.1　网络标号悬空

问题：提示"floating net labels"，即有悬空的网络标号。

解决方法：网络标号必须与导线连接，应等导线上出现红叉时再放置网络标号。

6.10.2　导线垂直交叉但未连接

问题：两根垂直交叉的导线，电气特性上要求是相连的，但是原理图中未显示连接。

解决方法：在原理图中导线交叉默认是不相连的，如果想让两根导线相连，则需要手动添加连接点。执行菜单命令 Place→Manual Junction，如图 6-47 所示。

此时，指针处出现一个连接点，将其移至交叉点处并单击即可，放置完连接点的效果图如图 6-48 所示。

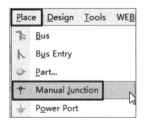

图 6-47　添加连接点

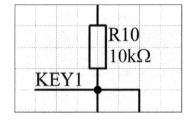

图 6-48　手动添加连接点的效果图

6.10.3　检查同一网络是否连通

问题：在原理图中怎样检查同一个网络是否连通？

解决方法：以 STM32 核心板的 3V3 网络为例，按住 Alt 键，单击任意一个 3V3 网络或一根连线，如果整个网络是连通的，则所有 3V3 网络都会高亮显示，如图 6-50 所示；如果有 3V3 网络或连线未高亮显示，则表示有未连接在一起的。注意，若有非 3V3 网络也高亮显示，则表示其与 3V3 网络短路。单击空白处，可取消高亮显示。

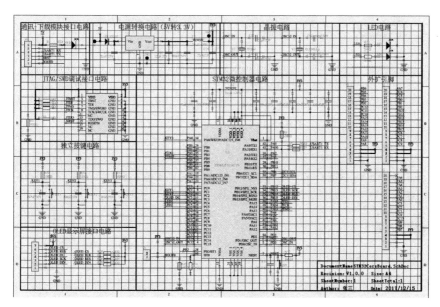

图 6-49　查看原理图网络

6.10.4　检查 VCC 与 GND 网络是否短路

问题：几乎每一个电路都有多个 VCC 和 GND 网络，任何一个 VCC 网络与 GND 网络相连都会导致整个电路短路，如何检查 VCC 与 GND 网络是否短路？

解决方法：以 STM32 核心板的 3V3 和 GND 网络为例，首先按住 Alt 键，单击任意一个 3V3 网络，查看是否有 GND 网络高亮显示。如果有，则表示 3V3 网络与 GND 网络短路。这种方法也可以检测任意两个网络之间是否短路。

6.10.5　在原理图中复制元器件

问题：如何在原理图中复制元器件？

解决方法：在原理图中，单击某个元器件，按快捷键 Ctrl＋C 进行复制，再按快捷键 Ctrl＋V 进行粘贴。

6.10.6　在原理图中对元器件进行 90°旋转

问题：如何在原理图中将某一个元器件旋转 90°？

解决方法：在英文输入法环境下，选中待旋转的元器件，单击并拖动该元器件，然后，按空格键即可将元器件旋转 90°。

6.10.7　在原理图中将元器件相对于 X 轴或 Y 轴进行翻转

问题：如何在原理图中将某一个元器件相对于 X 轴或 Y 轴进行翻转？

解决方法：在英文输入法环境下，选中待翻转的元器件，按住左键拖动该元器件，然后，按 X 键即可实现相对于 X 轴的翻转（即垂直翻转），按 Y 键即可实现相对于 Y 轴的翻转（即水平翻转）。

本章任务

　　学习完本章后，在本书配套资料包的 AltiumDesignerLib\IntLib 目录下找到 STM32CoreBoard.IntLib 文件，即 STM32 核心板集成库文件，将其安装到 Altium Designer 软件中，然后参照 PDF-SchDoc 目录下的 STM32CoreBoard.pdf 文件，或参照附录 B，完成整个 STM32 核心板的原理图绘制。

****

本章习题

　　1. 简述原理图设计的流程。

　　2. 简述加载集成库的方法。

　　3. 在原理图设计环境中，如何实现元器件的 90° 旋转、垂直翻转和水平翻转？

第7章 STM32 核心板的 PCB 设计

PCB 设计是将电路原理图变成具体的电路板的必由之路，是电路设计过程中至关重要的一步。如何将第 6 章已设计好的 STM32 核心板原理图通过 Altium Designer 软件转换成 PCB，即为本章的核心内容。学习完本章，读者可掌握 STM32 核心板 PCB 的布局、布线、覆铜等操作，为后续进行电路板制作做好准备。

学习目标：

➢ 了解使用 Altium Designer 15 软件进行 PCB 设计的流程。

➢ 能够熟练进行元器件的布局操作。

➢ 能够熟练进行 PCB 的布线操作。

➢ 能够使用 Altium Designer 15 软件完成 STM32 核心板的 PCB 设计。

 ## 7.1 PCB 设计流程

STM32 核心板的 PCB 设计流程如图 7-1 所示，包括：（1）创建一个 STM32 核心板的 PCB 工程；（2）在 PCB 设计环境中，设置 PCB 规则；（3）在 PCB 工程中，将 STM32 核心板的原理图导入 PCB 工程中；（4）设计 STM32 核心板的板框和定位孔；（5）对 PCB 上的元器件进行布局操作；（6）进行元器件布线操作；（7）添加丝印；（8）添加泪滴；（9）过孔盖油；（10）添加电路板信息和信息框；（11）对电路板正反面覆铜；（12）对整个 PCB 进行 DRC 规则检测。

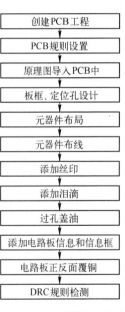

图 7-1　PCB 设计流程图

 ## 7.2 创建 PCB 文件

如图 7-2 所示，在 Altium Designer 软件的 Projects 面板中，右键单击工程文件 STM32CoreBoard. PrjPcb，在快捷菜单中选择 Add New to Project→PCB 命令，即可在 STM32CoreBoard 工程文件中新建一个 PCB 文件，系统默认文件名为 PCB1. PcbDoc。

为了保持命名一致性，即工程名与原理图、PCB 文件名统一命名为 STM32CoreBoard，将新建的 PCB 文件重命名为 STM32CoreBoard. PcbDoc。具体方法是：右键单击 PCB1. PcbDoc 文件，在弹出的快捷菜单中选择 Save As 命令，如图 7-3 所示。在弹出的对话框中，在"文件名（N）"输入框中输入"STM32CoreBoard. PcbDoc"，单击"保存"按钮。

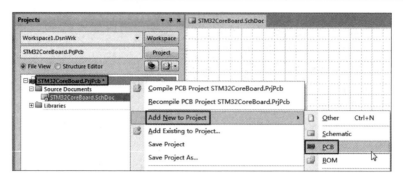

图 7-2　创建 PCB 文件

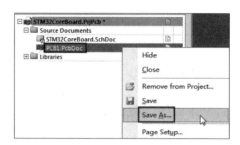

图 7-3　保存 PCB 文件

7.3　规则设置

为了保证电路板在后续工作过程中保持良好的性能，在 PCB 设计中常常需要进行规则设置，如线间距、线宽、不同电气节点的最小间距等。不同的 PCB 设计有不同的规则要求，所以在每一个 PCB 设计项目开始之前都要进行相对应的规则设置。下面详细介绍针对 STM32 核心板需要设置的规则。学习完本节后，建议读者查阅相关文献了解其他规则。

7.3.1　安全间距

安全间距（Clearance）设置的是 PCB 电路板在布置铜膜导线时，元器件焊盘和焊盘之间、焊盘和导线之间、导线和导线之间的最小距离。下面以 STM32 核心板的一般安全间距、STM32 芯片（标号为 U1）安全间距、覆铜安全间距的设置为例，介绍 Clearance 的设置方法。

在 PCB 设计环境中，按快捷键 D+R，弹出如图 7-4 所示的 PCB Rules and Constraints Editor 对话框，在左侧依次选择 Design Rules→Electrical→Clearance，然后在右侧的 Name 栏中输入 "Clearance_General"（一般安全间距），在 Minimum Clearance 栏中输入 "8mil"，即设置 PCB 中具有电气特性的对象之间的最小安全间距为 8mil。具有电气特性的对象包括导线、焊盘、过孔和铜箔填充区等。输入完成后单击右下角的 "Apply" 按钮。注意，单位 mil 和 mm 可以通过快捷键 Ctrl+Q 进行切换。

已将一般安全间距设置为 8mil，但是由于 STM32 芯片（标号为 U1）的引脚间距也近似为 8mil，这样在进行 DRC（设计规则检查）时就会报错，因此，需要专门针对 STM32 芯片设置一个安全距离的规则，以防止报错。

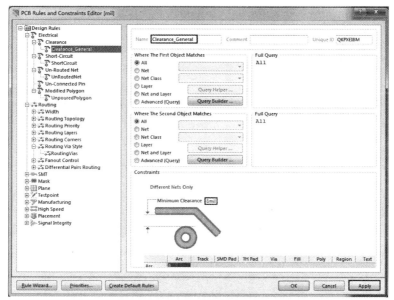

图 7-4　Clearance_General 设置界面

　　下面针对 STM32 芯片（标号为 U1）专门建立新的 Clearance 规则。同样在 PCB Rules and Constraints Editor 对话框中，依次选择 Design Rules→Electrical，右键单击 Clearance 打开快捷菜单，选择 New Rule 命令，新建一个 Clearance 规则，如图 7-5 所示。

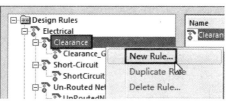

图 7-5　新建 Clearance 规则

　　如图 7-6 所示，在右侧的 Name 栏中输入 "Clearance_U1"（针对 U1 特设的安全间距），然后在 Where The First Object Matches（优先匹配的对象所处位置）栏中，选中 Advanced（Query），在 Full Query 栏中输入 "InComponent ('U1')"，表明该规则匹配的对象为 U1 芯片。然后，在 Minimum Clearance 栏中输入 "6mil"，最后单击 "Apply" 按钮。

图 7-6　Clearance_U1 设置界面

至此，目录 Design Rules→Electrical→Clearance 下显示有 Clearance_U1 和 Clearance_General。接下来设置覆铜安全间距，继续右键单击 Clearance，在快捷菜单中选择 New Rule 命令，新建 Clearance_Inpoly 规则。按照图 7-7 设置相关参数。注意，在 Full Query 栏中输入"（inpoly）"，在 Minimum Clearance 栏中输入"20mil"。

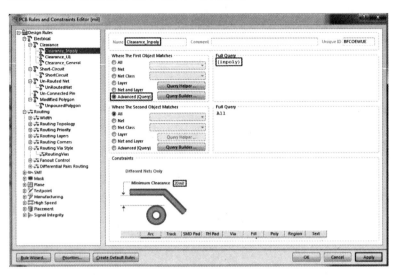

图 7-7　Clearance_Inpoly 设置界面

设置完以上三个安全间距规则后，选择 Design Rules→Electrical→Clearance，然后单击对话框左下角的"Priorities"按钮，在弹出的 Edit Rule Priorities 对话框中调整 Clearance 优先级顺序（数字越小，优先级越高）。提示：选中某规则后，拖动即可调换顺序。这里将 Clearance_Inpoly 设置为 1，将 Clearance_U1 设置为 2，将 Clearance_General 设置为 3，最后单击"Close"按钮关闭对话框，如图 7-8 所示。

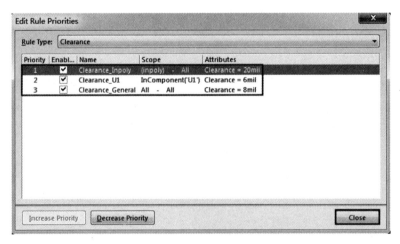

图 7-8　设置 Clearance 规则优先级顺序

设置好优先级后，单击 PCB Rules and Constraints Editor 对话框右下角的"Apply"按钮，即可完成安全间距规则的设置和保存。查看 Clearance 规则优先级顺序的界面，如图 7-9 所示。

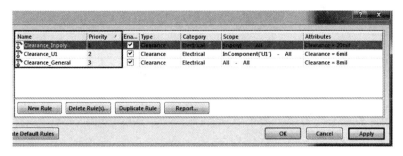

图 7-9　查看 Clearance 规则优先级顺序

7.3.2　线宽

线宽（Width）设置的是布线时导线的宽度。导线的宽度有 3 个值需要设置，分别为 Max Width（最大宽度）、Preferred Width（最佳宽度）和 Min Width（最小宽度）。下面以设置 STM32 核心板的导线宽度为例，介绍线宽的设置方法。STM32 核心板的导线只有两种，一种是信号线，宽度为 10mil，另一种是电源线和地线，宽度为 30mil。

在 PCB 设计环境下，按快捷键 D+R，弹出 PCB Rules and Constraints Editor 对话框，如图 7-10 所示，依次选择 Design Rules→Routing→Width→Width，在 Constraints 栏中将 Min Width 设置为 10mil，将 Preferred Width 设置为 10mil，将 Max Width 设置为 30mil。然后，单击 "Apply" 按钮，即完成了线宽的设置和保存。提示：单位 mil 和 mm 可以通过快捷键 Ctrl+Q 进行切换。

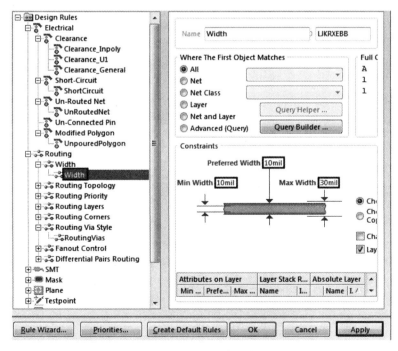

图 7-10　Width 设置界面

7.3.3　过孔

过孔（RoutingVias）设置的是布线时过孔的尺寸。过孔的尺寸包含两个参数，分别是 Via Diameter（外径）和 Via Hole Size（内径）。外径和内径各自有 3 个值需设置，分别为 Minimum（最小）、Maximun（最大）和 Preferred（最佳）。下面以设置 STM32 核心板的过孔尺寸为例，介绍过孔尺寸的设置方法。STM32 的过孔外径的最佳尺寸为 24mil，内径的最佳尺寸为 12mil。设置时需要注意，外径和内径的差值不宜过小，否则不宜于制板加工，合适的差值应不小于 10mil。

打开 PCB Rules and Constraints Editor 对话框，依次选择 Design Rules→Routing→Routing Via Style→RoutingVias。在 Constraints 栏中将 Via Diameter 的 Minimum 设置为 24mil，Maximun 设置为 30mil，Preferred 设置为 24mil；将 Via Hole Size 的 Minimum 设置为 12mil，Maximun 设置为 15mil，Preferred 设置为 12mil，如图 7-11 所示。单击"Apply"按钮，即完成了过孔尺寸的设置和保存。

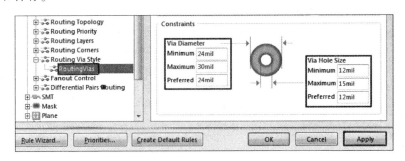

图 7-11　RoutingVias 设置界面

7.3.4　阻焊层间距

阻焊层间距（Minimum Solder Mask Sliver）设置的是阻焊层的最小间距，如图 7-12 所示。由于在进行 STM32 核心板的规则检查时，阻焊层间距可以忽略，因此需要取消勾选此规则，设置为不使能。

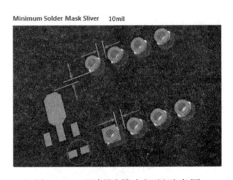

图 7-12　阻焊层最小间距示意图

打开 PCB Rules and Constraints Editor 对话框，依次选择 Design Rules→Manufacturing→Minimum Solder Mask Sliver，在右侧界面中取消勾选 MinimumSolderMaskSliver 对应的"Enable"项，再单击"Apply"按钮，即可取消阻焊层间距检查，如图 7-13 所示。

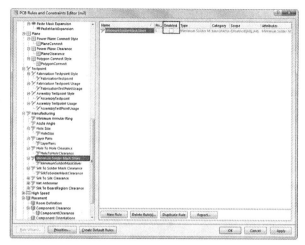

图 7-13　阻焊层间距设置界面

7.3.5　丝印

由于丝印层并不影响布线，因此建议将丝印相关的规则全部设置为不使能。在如图 7-14 所示的界面中，依次取消勾选 SilkTo Solder Mask Clearance、Silk To Silk Clearance、Silk To BoardRegion Clearance 对应的"Enabled"项，然后单击"Apply"按钮。

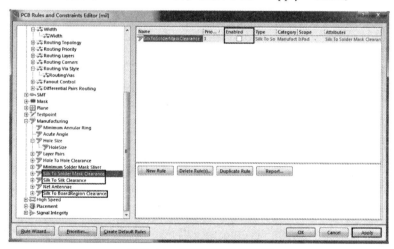

图 7-14　丝印规则设置界面

设置完全部规则后，单击"OK"按钮。

7.3.6　层的设置

进行 PCB 设计时，常常需要把重要的层设置为可见，其他层设置为隐藏，这样方便查找错误。例如，隐藏其他层，只显示丝印层，可以快速查看文字排列得是否整齐。

在 PCB 设计环境下，执行菜单命令 Design→Board Layers & Colors，或按快捷键 L，按照图 7-15 所示勾选或取消勾选相应的层，设置需要显示和隐藏的层，这样可以令 PCB 布局、布线变得简单。操作熟练后，也可根据个人习惯来设置某些层的显示与隐藏。

在 Altium Designer 软件中，层的设置较为繁杂，下面分别介绍每个层的设置方法。

（1）Signal Layers（信号层）：也称为正片，主要用于电气连接。在正片上面一条线即为一条导线，凡是布线的地方都有铜皮连接。除了 Top Layer 和 Bottom Layer，Altium Designer 软件还提供 30 层信号层，各层以不同的颜色显示。

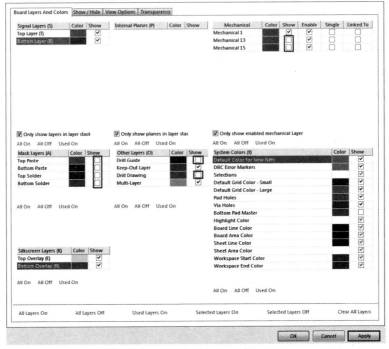

图 7-15　层的显示与隐藏设置界面

（2）Internal Planes（内层）：也称为负片，主要用于建立电源层和地层。负片本身是一片铜皮，画一条线表示将铜片分开，即凡是布线的地方就将其铜皮去掉。负片主要用于多层板。

（3）Mechanical Layers（机械层）：用于描述电路板的机械结构、标注及加工说明，不能用于电气连接。

（4）Mask Layers（阻焊层）：也称为掩膜层，主要用于保护铜线，也可以防止焊锡被焊到错误的地方。Altium Designer 软件设有 4 层阻焊层，分别为 Top Paste（顶层锡膏防护层）、Bottom Paste（底层锡膏防护层）、Top Solder（顶层阻焊层）、Bottom Solder（底层阻焊层）。

（5）Silkscreen Layers（丝印层）：可在丝印层印上文字或符号来标示元器件在电路板上的位置等信息。Altium Designer 软件设有 2 层丝印层，分别为 Top Overlay（顶层丝印层）和 Bottom Overlay（底层丝印层）。

（6）Drill Guides（钻孔）和 Drill Drawing（钻孔图）：用于描述钻孔和钻孔图的位置。

（7）Keep-Out Layer（禁止布线层）：只有在该层设置了布线框，才能启动自动布局和自动布线功能。

（8）Multi-Layer（多层）：设置更多层，横跨所有的信号板层。

7.4　将原理图导入 PCB

设置好规则后，就可以将原理图导入 PCB 中了。首先，在原理图设计系统环境下，检查原理图，在确保没有错误的情况下，执行菜单命令 Design→Update PCB Document STM32CoreBoard. PcbDoc，如图 7-16 所示。

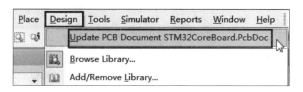

图 7-16　将原理图导入 PCB 的操作示意图

系统弹出如图 7-17 所示的 Engineering Change Order 对话框，可以看到所有需要更新的类别和内容，通过勾选每一项变更内容前的复选框，可以任意调整更新内容。第一次更新时建议全部勾选，然后单击左下角的 "Validate Changes" 按钮，进行元器件的确认。

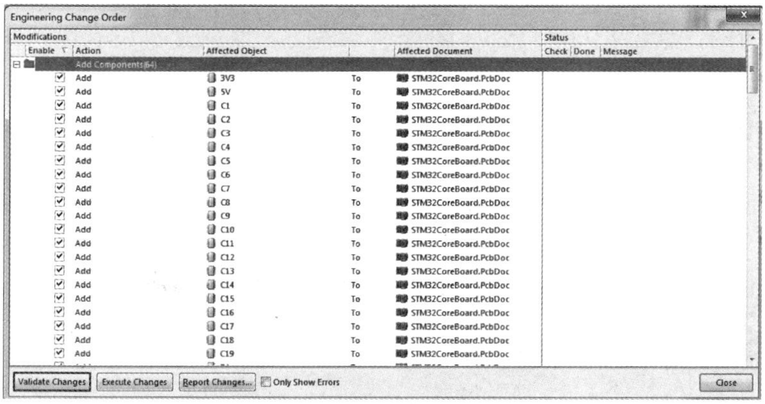

图 7-17　将原理图导入 PCB 步骤一

当 Check 一列全部显示为❤时，表示没有错误，说明这些改变都是合法的，如图 7-18 所示。

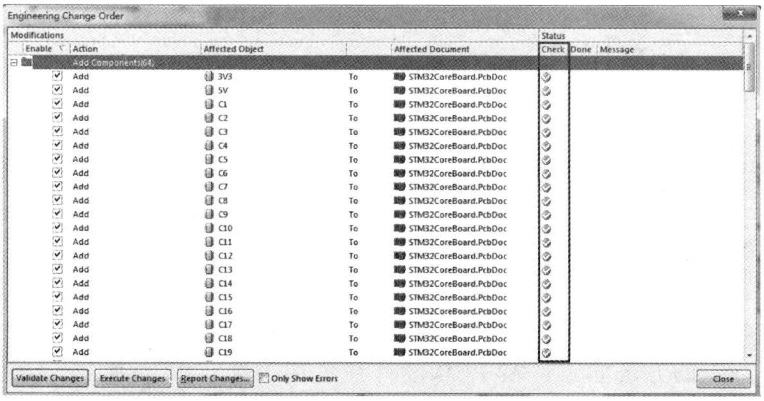

图 7-18　将原理图导入 PCB 步骤二

然后，将对话框右侧的滚动条拖动到底部，取消勾选 "Add Rooms" 项，如图 7-19 所示。单击 "Execute Changes" 按钮，开始执行元器件的导入。

元器件导入成功的界面如图 7-20 所示。

图 7-19   将原理图导入 PCB 步骤三

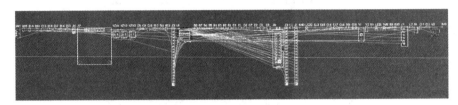

图 7-20   元器件导入成功的界面

此时编译生成的 PCB 文件看上去有一个背景，该背景称为 Room。它是一个设计规则区域，由于 7.3 节的设置已把导入 Room 的选项取消了，因此这里没有生成 Room。若保留 Room 项，在将原理图导入 PCB 后，界面如图 7-21 所示。Room 的主要作用是，在进行多通道设计时，可以方便快捷地在通道间复制布局和布线。例如，可以将 Room1 的布局布线直接应用到 Room2、Room3……这样当通道模块相同时，可以绘制好一个模块然后将其复制到其他模块，使设计者无须重复工作，提高效率。如果只有一个模块，则可以把 Room 删掉，并不影响 PCB 设计，STM32 核心板就只有一个模块。

图 7-21   保留 Room 项，导入原理图后的界面

7.5   基本操作

7.5.1   绘制板框

首先设置参考原点。参考原点是整个 PCB 设计过程中的坐标参考点，即（0，0）点。设置原点是为了有一个基准点作为参考，以参考原点为基准可以方便地测量及精准放置元器件。

设置参考原点的方法如下：在 PCB 设计环境中，执行菜单命令 Edit→Origin→Set，如图 7-22 所示。

当指针变为带有十字时，在 PCB 设计图纸上选择一个点（建议选在系统默认板框的左下角），然后单击确认参考原点，确认后，参考原点将显示为▨，如图 7-23 所示。

设置好参考原点，就可以绘制板框了。绘制前，先将 PCB 工作层切换到 Keep-Out Layer 层，即单击 PCB 设计界面底部的 "Keep-Out Layer" 按钮，如图 7-24 所示。

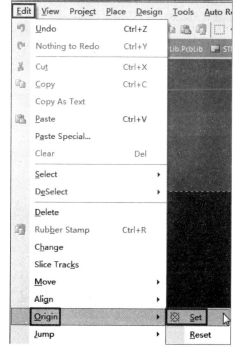

图 7-22　原点设置界面

图 7-23　参考原点示意图

图 7-24　将 PCB 工作层切换到 Keep-Out Layer 层

再执行菜单命令 Place→Line，或按快捷键 P+L，或在工具栏中单击 "Place Line" 按钮，如图 7-25 所示。

当指针变为带有十字时，按 Tab 键修改板框线属性，将线宽设置为 5mil，如图 7-26 所示。也可以在全部绘制完毕后，双击板框线，在弹出的对话框中设置线宽。考虑到电路板的人性化和安全性设计，可将板框的 4 个顶角绘制成弧形角。具体绘制方法是：在绘制顶角时，在英文输入法环境下，按快捷键 Shift+空格键，可依次在 "90 度角"、"弧形角"、"任意角"、"45 度角" 模式之间进行切换。这里选择 "弧形角" 模式。需要注意的是，STM32 核心板的长为 109mm（4291.339mil），宽为 59mm（2322.835mil），且板框必须是封闭的。

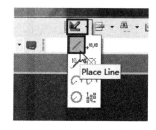

图 7-25　单击 "Place Line" 按钮准备绘制 PCB 板框

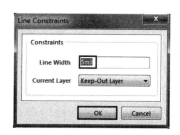

图 7-26　修改边框线的线宽

绘制好的封闭板框的效果图如图 7-27 所示。

接着，通过框选的方式选择绘制好的板框；也可以先选中板框的一条边，再按住 Shift 键，依次单击选中其余的边。然后，执行菜单命令 Design→BoardShape→Define from selected objects，如图 7-28 所示。

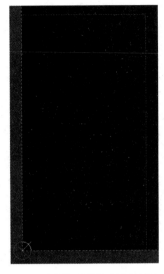

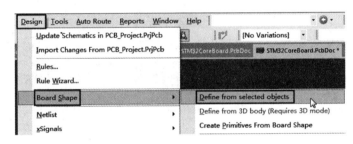

图 7-27　绘制好的封闭板框的效果图　　　　图 7-28　定义 PCB 板框

此时可以看到，黑色区域全部在板框之内，如图 7-29 所示，表明电路板的实际板框已经设计完成。

图 7-29　电路板的实际板框效果图

7.5.2　绘制定位孔

制作好的电路板板框一般需要通过定位孔固定在结构件上。观察 STM32 核心板实物可以看到，电路板的 4 个顶角各有一个定位孔，因此设计 PCB 时，也需要增加 4 个定位孔。下面详细介绍定位孔的绘制方法。

首先在电路板板框靠近 4 个顶角处分别绘制一个圆。将 PCB 工作层切换到 Keep-Out Layer 层，即单击"Keep-Out Layer"按钮。执行菜单命令 Place→Full Circle，或按快捷键 P +U，或在工具栏中单击"Place Full Circle Arc"按钮，如图 7-30 所示。

此时，指针变为带有十字。先单击确定圆心，再将光标向右下方稍稍移动再次单击，即可绘制一个圆，单击 Esc 键退出绘制圆模式。然后设置圆的参数：双击刚刚绘制的圆，弹出如图 7-31 所示的 Arc 对话框，将线宽设置为 5mil，半径设置为 62.992mil，圆心坐标 X、Y 均设置为 150mil。这样，便绘制好了位于左下角的圆。

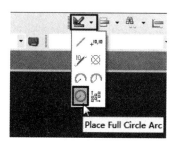

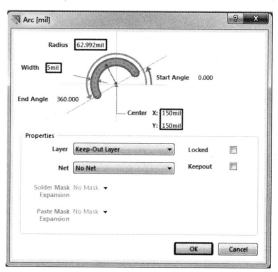

图 7-30　"Place Full Circle Arc"绘图工具　　　　图 7-31　Arc 对话框

按照同样的方法绘制其余三个圆。其余三个圆的线宽和半径同样是 5mil 和 62.992mil，右下角的圆心坐标是（2172mil，150mil），左上角的圆心坐标是（150mil，4140mil），右上角的圆心坐标是（2172mil，4140mil）。全部绘制完成的效果图如图 7-32 所示。

接下来需要将四个圆镂空，具体做法是：先单击选中其中一个圆，然后按快捷键 T+V+ T，此时单击圆的内部可以看到圆的内部变为灰色，如图 7-33 所示。

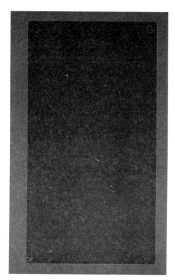

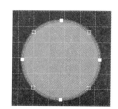

图 7-32　四个圆绘制完成的效果图　　　　图 7-33　圆的内部变为灰色

双击圆的内部，弹出 Region 对话框（见图 7-34），在 Graphical 标签页的 Kind 下拉菜单中选择 Board cutout，可实现打孔的功能，单击"OK"按钮。2D 效果图如图 7-35 所示。

图 7-34　在 Region 对话框中设置打孔功能

图 7-35　2D 效果图

在进行 PCB 设计时，常常会在定位孔的外侧增加一个丝印圈，主要是为了提醒设计者在进行 PCB 布线时不要距离定位孔太近，以避免 PCB 打样钻孔时将布线切掉。下面详细说明如何给左卜角的定位孔添加丝印圈。

单击 PCB 设计界面底部的"Top Overlay"按钮，将 PCB 工作层切换到 Top Overlay 层（即顶层丝印层）。在 Top Overlay 层，执行菜单命令 Place→Full Circle，或按快捷键 P+U，或在工具栏中单击"Place Full Circle Arc"按钮。当指针变成带有十字时，单击确定圆心，将指针向右下方稍稍移动再次单击，即可绘制一个圆，单击 Esc 键退出绘制圆模式。双击绘制好的圆，弹出如图 7-36 所示的对话框，修改圆的属性。将线宽设置为 5mil，半径设置为 74.793mil，圆心坐标 X、Y 均设置为 150mil。

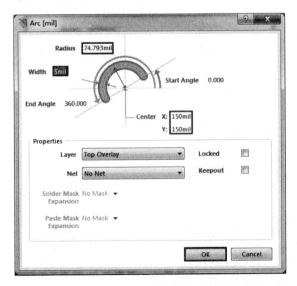

图 7-36　设置左下角丝印圈的线宽、半径和圆心坐标

添加了丝印圈的定位孔的 2D 效果图如图 7-37 所示。

添加了丝印圈的定位孔的 3D 效果图如图 7-38 所示。

图 7-37　添加完丝印圈的定位孔的 2D 效果图

图 7-38　添加完丝印圈的定位孔的 3D 效果图

按照同样的方法绘制其余三个丝印圈。其余三个丝印圈的线宽和半径同样是 5mil 和 74.793mil，右下角丝印圈的圆心坐标是（2172mil，150mil），左上角丝印圈的圆心坐标是（150mil，4140mil），右上角丝印圈的圆心坐标是（2172mil，4140mil），四个丝印圈全部绘制完的效果图如图 7-39 所示。

图 7-39　四个丝印圈绘制完成的效果图

7.5.3　统一修改编号丝印大小

建议将 STM32 核心板上的元器件编号丝印大小设置为统一的规格：字体（Font）为 Stroke，高度（Height）为 30mil，宽度（Width）为 6mil。STM32 核心板上的编号丝印非常多，逐个修改需要花费较多时间和精力。Altium Designer 软件提供批量修改的功能。批量修改元器件编号丝印大小的方法是：右键单击某个元器件的编号丝印，在快捷菜单中单击 Find Similar Objects 命令，如图 7-40 所示。

打开 Find Similar Objects 对话框，在 String Type 一栏中，将"Any"改为"Same"，然后单击"OK"按钮，如图 7-41 所示。

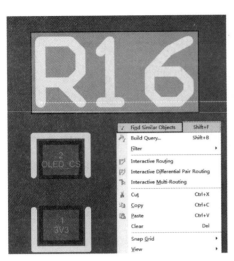

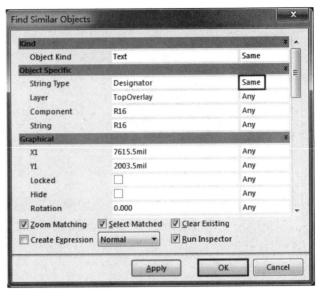

图 7-40　统一修改元器件的编号　　　　　　　图 7-41　统一修改元器件编号
　　　　丝印大小步骤一　　　　　　　　　　　　　丝印大小步骤二

打开 PCB Inspector 面板，在 Text Height 栏中输入 "30mil"，在 Text Width 栏中输入 "6mil"，最后关闭对话框，即可完成修改，如图 7-42 所示。

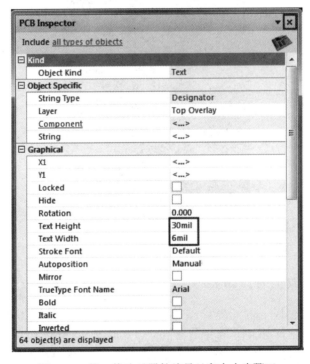

图 7-42　统一修改元器件编号丝印大小步骤三

7.6　元器件的布局

将元器件挪至电路板板框内，并按照一定的规律对元器件进行摆放，这个过程就称为布局。布局既是 PCB 设计过程中的难点，也是重点，布局合理，接下来的布线就会非常容易。

7.6.1　布局原则

布局一般要遵守以下原则：

（1）布线最短原则。例如，集成电路（IC）的去耦电容应尽量放置在相应的 VCC 和 GND 引脚之间，且距离 IC 尽可能近。

（2）同一模块集中原则。即布局时具有相同功能的模块的元器件应摆放在一起。

原理图中具有相同功能的模块的元器件一目了然，但是当原理图中的元器件被更新到 PCB 上之后，相同功能模块内部的元器件就不那么明晰了。为了在 PCB 中快速筛选出相同功能模块中的元器件，可在原理图中选中相同功能模块的元器件，例如，选中 STM32 核心板上的独立按键模块中的所有元器件，如图 7-43 所示。

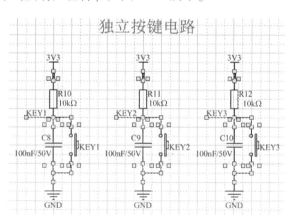

图 7-43　在原理图中选中一个模块中的所有元器件

然后，按快捷键 T+S 跳转到 PCB 设计界面，可以看到这些元器件呈现被选中的状态，如图 7-44 所示。

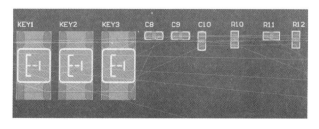

图 7-44　PCB 设计界面中被选中的元器件

如果在上一步中元器件摆放得过于分散，可以将元器件集中放在一个矩形区域中，具体做法是：按快捷键 T+O+L，这时指针变为带有十字，先单击确定矩形框的左上角，然后将指针向右下方移动直到矩形区域大小适中，再次单击，此时，所有被选中的元器件都汇集在该区域中，如图 7-45 所示，最后按 Esc 键退出元器件摆放模式。

　　（3）布局时，元器件不可距离板框太近。元器件靠近板框的一侧到板框的距离至少为 2mm，如果空间允许，建议距离保持在 5mm。

　　（4）布局晶振时，应尽量靠近 STM32F103RCT6 芯片，且与晶振相连的电容必须紧临晶振，如图 7-46 所示。此外，晶振不能离电路板板框太近，否则会导致晶振辐射噪声。

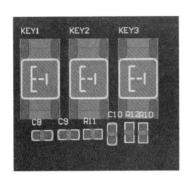

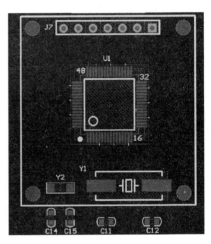

图 7-45　被选中的元器件汇集在矩形区域中　　　　图 7-46　晶振布局示意图

7.6.2　布局基本操作

　　在进行元器件布局时，应掌握以下基本操作。

　　（1）元器件的复选。按住 Shift 键，同时点选元器件，即可实现多个元器件的复选。

　　（2）元器件的对齐。首先复选需要对齐的元器件，然后在工具栏中单击 📄 ，选择所需的对齐操作即可实现元器件的对齐摆放，如顶部对齐、底部对齐、左侧对齐、右侧对齐等。

　　元器件对齐操作还可以采用快捷键的方式。先复选需要对齐的元器件，然后按照表 7-1 所示，进行各种对齐操作。

图 7-47　元器件对齐工具栏

表 7-1　元器件对齐快捷键

快 捷 键	操 作 说 明
A+T	顶部对齐
A+B	底部对齐
A+L	左侧对齐
A+R	右侧对齐

　　（3）飞线隐藏。隐藏飞线的主要目的是，在布局时，尽量减少飞线的影响。飞线隐藏有以下两种方式。

一种是隐藏所有飞线。在英文输入法环境下，按快捷键 N，弹出如图 7-48 所示的界面，选择 Hide Connections →All 命令，即可隐藏所有飞线。如果需要显示所有的飞线，则选择 Show Connections→All 命令即可。

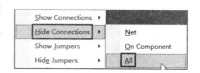

图 7-48　隐藏飞线方式一

另一种是在电路板层和颜色设置中将所有新的网络设置为不显示，具体做法是：在英文输入法环境下，按快捷键 L，打开 View Configurations 对话框，在 Board Layers And Colors 标签页中取消勾选 Default Color For New Nets 一栏的 "Show" 项，如图 7-49 所示

图 7-49　隐藏飞线方式二

STM32 核心板布局完成的效果图如图 7-50 所示，图中没有隐藏飞线。隐藏飞线的效果图如图 7-51 所示。

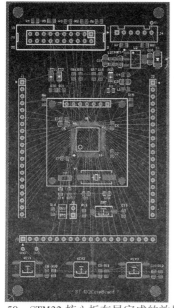

图 7-50　STM32 核心板布局完成的效果图
（未隐藏飞线）

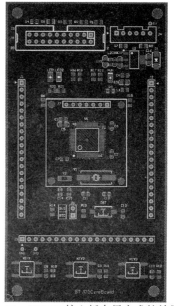

图 7-51　STM32 核心板布局完成的效果图
（隐藏飞线）

对于初学者而言，建议第一次布局时严格参照 STM32 核心板实物进行布局，等到完成第一块电路板的 PCB 设计后，再尝试自行布局。

7.7　元器件的布线

7.7.1　布线基本操作

（1）选择布线工具。工具栏中的 用于单根布线操作，也可按快捷键 P+T 进行单根布线；用于多根布线操作，也可以按快捷键 P+M 进行多根布线。相比单根布线，多根布线的操作稍复杂，具体做法是：按住 Shift 键，依次选中若干需要同时布线的焊盘，然后单击工具栏中的 ，即可进行多根布线操作。布线时要选择正确的层，STM32 核心板只有两层，分别为顶层（Top Layer）和底层（Bottom Layer），顶层布线的默认颜色为红色，底层布线的默认颜色为蓝色。

（2）切换元器件所在的层。选中元器件，按住左键并按 L 键可实现元器件在顶层和底层之间的切换。

（3）电路板翻转。按快捷键 V+B 可实现对电路板进行正反面翻转的操作，在 2D 和 3D 视图中均可使用这种方式来翻转电路板。

（4）修改某个网络的线宽。以 3.3V 网络为例，首先选择需要修改线宽的网络的一段布线，在这段布线上单击鼠标右键，在快捷菜单中选择 Find Similar Objects 命令，打开 Find Similar Objects 对话框，在 Net 一栏中，将 "Any" 改为 "Same"，然后单击 "OK" 按钮，如图 7-52 所示。

在 PCB Inspector 面板中，在 Width 栏中输入 "30mil"，如图 7-53 所示，随后关闭对话框，即可完成对该网络线宽的修改。需要注意的是，信号线的宽度建议设置为 10mil，电源网络和地网络线宽设置为 30mil。

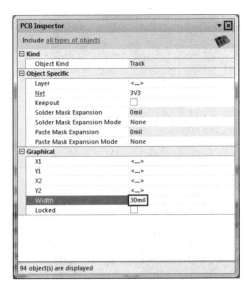

图 7-52　修改 3V3 网络线宽步骤一　　　　图 7-53　修改 3V3 网络线宽步骤二

（5）切换不同的活动层。在非布线模式下，通过快捷键 Ctrl+Shift+滚轮可以实现不同活动层的切换显示，被选中的活动层在 PCB 设计界面底部显示为灰色。注意，向下滑动滚轮，PCB 设计界面底部的层向左移动切换，向上滑动滚轮，PCB 设计界面底部的层向右移动切换。

（6）添加过孔。在布线模式下，通过快捷键 Ctrl+Shift+滚轮可以实现布线所在层的切换，对于两层板而言，即为顶层和底层之间的布线切换，且在切换层的同时，自动增加一个过孔。

（7）单层与多层显示模式切换。在 PCB 设计环境下，按快捷键 Shift+S 可实现单层和多层显示模式的切换。在单层显示模式下，可在 PCB 设计界面底部，单击需要显示的层。

（8）删除布线。按快捷键 T+U，在弹出的列表中选择 All、Net、Connection、Component 命令，可实现删除所有布线、删除某个网络的布线、删除某段连线布线、删除某个元器件所连接的所有布线。单击鼠标右键可退出删除布线模式。

（9）单个网络的高亮显示和取消高亮显示。按住 Ctrl 键，同时单击需要高亮显示的网络，即可使该网络高亮显示，按 [和] 键可以调节该网络与其他网络之间的对比度。如果需要取消高亮显示，则按住 Ctrl 键，同时单击没有网络的地方即可。

（10）多个网络的高亮显示和取消高亮显示。按住快捷键 Ctrl+Shift，同时单击需要高亮显示的若干网络，即可使多个网络同时高亮显示。如果需要取消高亮显示，则按住 Ctrl 键，同时单击没有网络的地方即可。

（11）电路板居中显示。在 PCB 设计环境中，执行菜单命令 View→Fit Board，或按快捷键 V+F，即可让整个 PCB 居中全部显示。

7.7.2　布线注意事项

布线时应注意以下事项。

（1）电源主干线原则上要加粗（尤其是电路板的电源输入/输出线）。对于 STM32 核心板，电源输出线包括 OLED 模块的电源线、JTAG/SWD 调试接口模块电源线和外扩引脚电源线。建议将 STM32 核心板的电源线的线宽设计为 30mil，如图 7-54 所示。可以看到，图中还有一些电源布线未加粗，这是因为这些电源线并非电源主干线。

严格意义上讲，布线上能够承载的电流大小取决于线宽、线厚及容许温升。在 25℃ 以下，对于铜厚为 35μm 的布线，10mil（0.25mm）线宽能够承载 0.65A 的电流，40mil（1mm）线宽能够承载 2.3A 的电流，80mil（2mm）线宽能够承载 4A 的电流。温度越高，承载的电流越小，因此保守考虑，在实际布线中，如果布线上需要承载 0.25A 的电流，则应将线宽设置为 10mil；若布线上需要承载 1A 的电流，则应将线宽设置为 40mil；若布线上需要承载 2A 的电流，则应将线宽设置为 80mil，依次类推。

在 PCB 设计和打样中，常用 OZ（盎司）作为铜皮厚度（简称铜厚）的单位，1OZ 铜厚定义为 1 平方英寸面积内铜箔的重量为 1 盎司，对应的物理厚度为 35μm。PCB 打样厂使用最多的板材规格就是 1OZ 铜厚。

（2）PCB 布线不要距离定位孔和电路板板框太近，否则在进行 PCB 钻孔加工时，布线很容易被切掉一部分甚至被切断。图 7-55 所示的布线（JTRST 网络）与定位孔之间的距离适中，而图 7-56 所示的布线（JTRST 网络）与定位孔之间的距离太近。

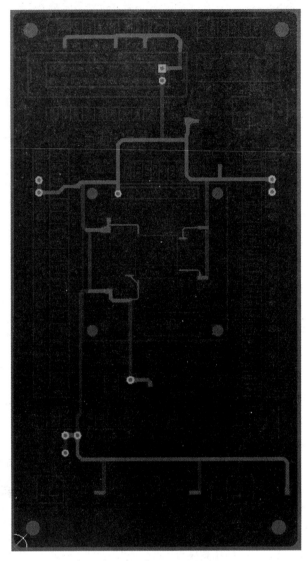

图 7-54　电源主干线布线示意图

图 7-55　布线与定位孔之间的距离适中

图 7-56　布线距离定位孔太近

（3）同一层禁止 90°拐角布线（见图 7-57），但是不同层之间过孔 90°布线（见图 7-58）是允许的。而且，布线时尽可能遵守一层水平布线，另一层垂直布线的原则。

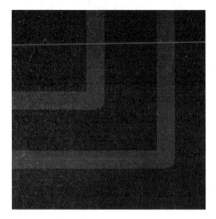

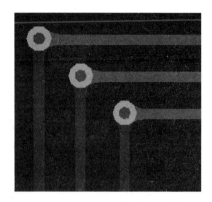

图 7-57　同一层 90°拐角布线（禁止）　　　　　　　图 7-58　过孔 90°布线（允许）

（4）高频信号线，如 STM32 核心板上的晶振电路的布线，不要加粗，建议也按照线宽为 10mil 进行设计，而且尽可能布线在同一层，如图 7-59 所示。

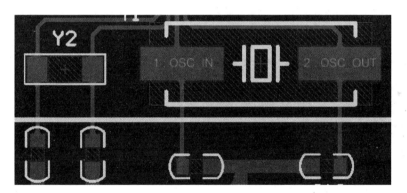

图 7-59　晶振电路布线示意图

7.7.3　STM32 分步布线

布局合理，布线就会变得顺畅。第一次布线，建议读者按照下面的步骤开展。此后可按照自己的思路尝试布线。实践证明，每多布一次线，布线水平就会有所提升，尤其是前几次尤为明显。由此可见，掌握 PCB 设计的诀窍很简单，就是反复多练。STM32 的布线可分为以下七步。

第一步：从 STM32F103RCT6 的部分引脚引出连线到排针，如图 7-60 所示。上述引出的引脚不包括以下引脚：通信-下载模块接口的 2 个引脚 PA9（USART1_TX）、PA10（US-ART1_RX），JTAG/SWD 调试接口电路的 5 个引脚 PA13（JTMS）、PA14（JTCK）、PA15（JTDI）、PB3（JTDO）、PB4（JTRST），OLED 显示屏接口电路的 4 个引脚 PB12（OLED_CS）、PB13（OLED_SCK）、PB14（OLED_RES）、PB15（OLED_DIN），LED 电路的 2 个引脚 LED1（PC4）、LED2（PC5）。

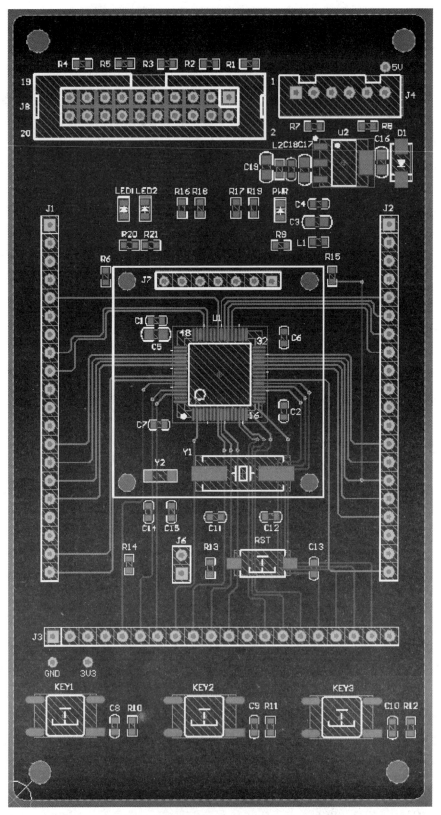

图 7-60　STM32F103RCT6 部分引脚到排针的布线

第二步：电源线布线，主要针对电源转换电路，以及其余模块的电源线部分，如图 7-61 所示。

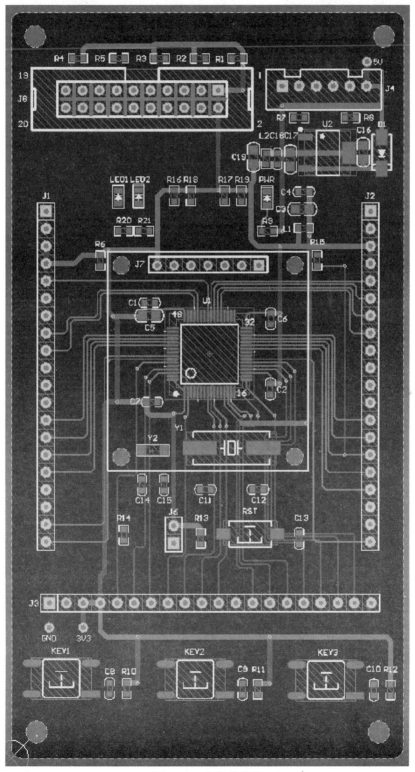

图 7-61　电源线布线

第三步：独立按键电路模块的布线，如图 7-62 所示。

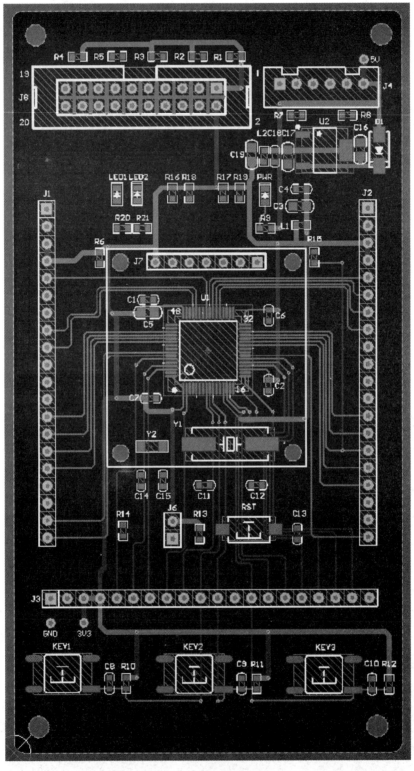

图 7-62　独立按键模块布线

第四步：JTAG/SWD 调试接口电路和通信–下载模块接口电路的布线，如图 7-63 所示。

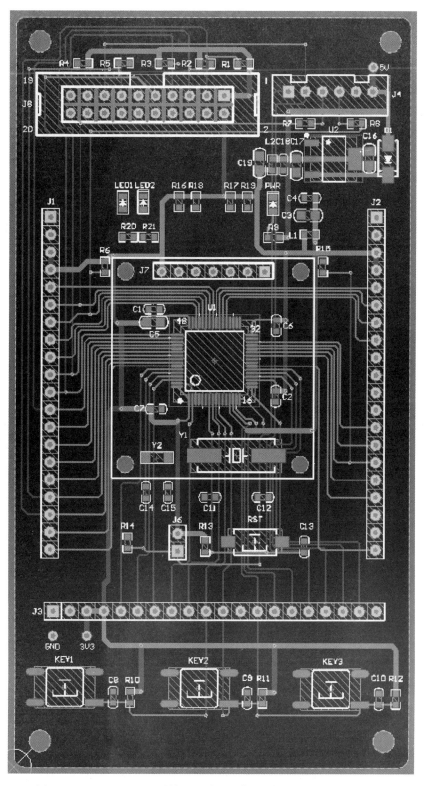

图 7-63　JTAG/SWD 调试接口电路和通信–下载模块接口电路的布线

第五步：LED 电路和晶振电路的布线，如图 7-64 所示。

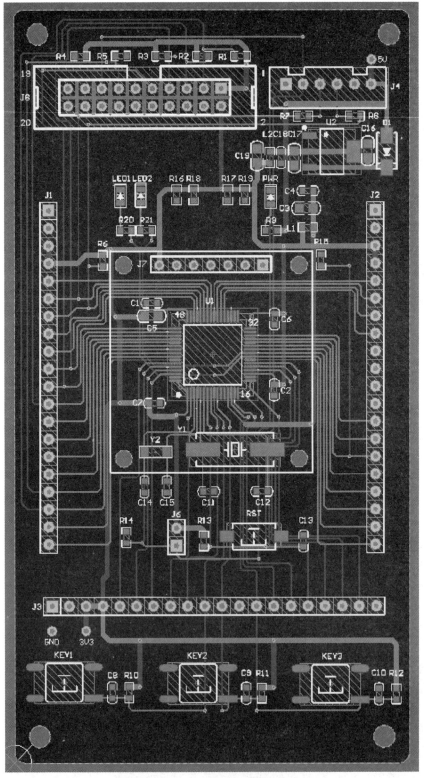

图 7-64　LED 电路和晶振电路布线

第六步：OLED 显示屏接口电路的布线，如图 7-65 所示。

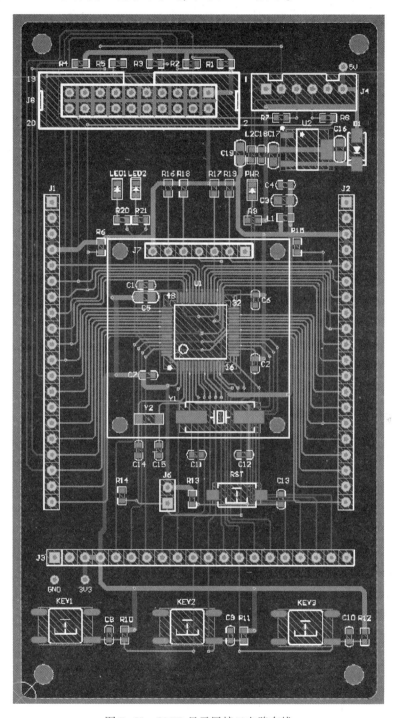

图 7-65　OLED 显示屏接口电路布线

第七步：GND（地）网络布线，如图 7-66 所示，建议将 GND 网络的线宽设置为 30mil。注意，由于绝大多数双面电路板的覆铜网络都是 GND 网络，因此有些工程师在布线时习惯不对 GND 网络进行布线，而是依赖覆铜。但是本书建议对所有网络（包括 GND 网络）布线后再进行覆铜，这样可以避免实际操作中诸多不必要的麻烦。

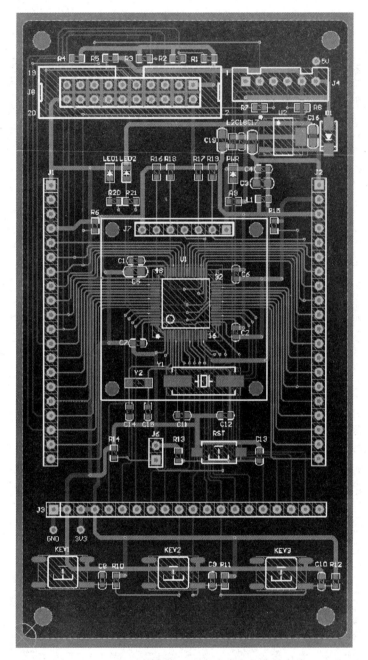

图 7-66　GND 网络布线（即完成整个电路的布线）

7.8　丝印

　　丝印是指印刷在电路板表面的图案和文字，正确的丝印字符布置原则是"不出歧义，见缝插针，美观大方"。添加丝印就是在 PCB 的上下表面印刷上所需要的图案和文字等，主要是为了方便电路板的焊接、调试、安装和维修等。

7.8.1　添加丝印

本节详细介绍如何在顶层和底层添加丝印。

在顶层添加丝印：先将 PCB 工作层切换到 Top Overlay 层（顶层），然后，执行菜单命令 Place→String，或按快捷键 P+S，或单击工具栏中的 **A** 按钮。此时，指针处会出现 String 字符，接着按 Tab 键，在弹出的对话框中按照图 7-67 所示设置丝印的相关属性。设置完成后，单击"OK"按钮关闭对话框。将丝印放置在电路板上合适的位置，按 Esc 键即可退出当前丝印放置状态。注意，对于 STM32 核心板，除电路板名称、版本信息外，英文字符的高均为 30mil，宽均为 6mil，字体均为 Stroke。

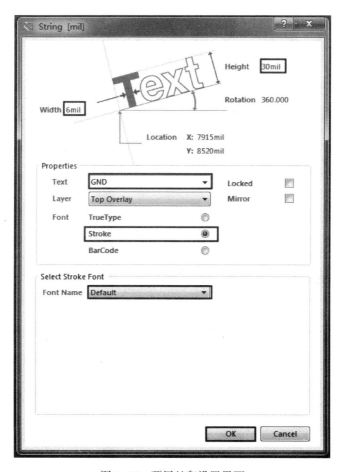

图 7-67　顶层丝印设置界面

在底层添加丝印：将 PCB 工作层切换到 Bottom Overlay 层（底层），然后执行菜单命令 Place→String，或按快捷键 P+S，或单击工具栏中的 **A** 按钮。此时，指针处会出现 String 字符，接着按 Tab 键，在弹出的对话框中按图 7-68 所示设置丝印的相关属性。设置完成后，单击"OK"按钮。将丝印放置在电路板上合适的位置。注意，与顶层不同，在底层添加丝印切记要勾选"Mirror"项。

7.8.2 丝印的方向

丝印的方向必须遵循"从左到右，从上到下"的原则。也就是说，如果丝印是横排的，则首字母须位于左侧，如果丝印是竖排的，则首字母须位于上方。

7.8.3 批量添加底层丝印

对于直插件（如 PH 座子、XH 座子、简牛等），在顶层丝印层和底层丝印层均需要添加引脚名丝印，并用丝印线条将相邻引脚名丝印隔开，这样做是为了便于进行电路板调试。

添加丝印线条的方法：执行菜单命令 Place→Line，或按快捷键 P+L。注意，执行菜单命令前，一定要先将 PCB 工作层切换到 Top Overlay 层或 Bottom Overlay 层。

由于直插件的顶层丝印和底层丝印通常是对称的，所以，绘制好一个直插件的顶层引脚名丝印后，可以用复制的方式添加底层丝印。以 STM32 核心板上的 J2 为例，首先全选 J2 的顶层引脚名丝印（通过框选方式，或者按住 Shift 键复选引脚），按快捷键 Ctrl+C 复制，再按快捷键 Ctrl+V 粘贴，这时指针上带有被复制的丝印，再按 L 键，即可完成丝印的镜像翻转，如图 7-69 所示。

图 7-68　底层丝印设置界面

图 7-69　J2 顶层丝印和
底层丝印示意图

7.8.4　STM32 核心板丝印效果图

顶层添加丝印后的效果图如图 7-70 所示，底层添加丝印后的效果图如图 7-71 所示。

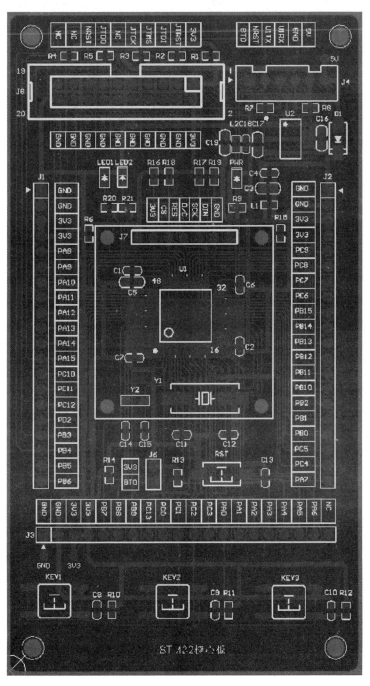

图 7-70　STM32 核心板顶层丝印效果图

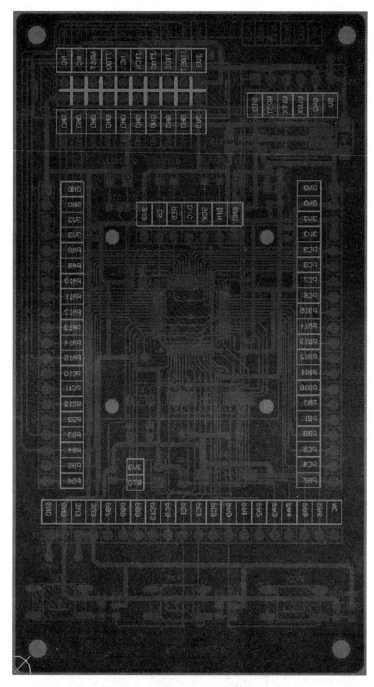

图 7-71　STM32 核心板底层丝印效果图

 ## 7.9　泪滴

在电路板设计过程中，常在导线和焊盘或过孔的连接处补泪滴，这样做有两个好处：（1）在电路板受到巨大外力的冲撞时，避免导线与焊盘、或导线与导线的接触；（2）在

PCB 生产过程中，避免由蚀刻不均或过孔偏位导致的裂缝。下面介绍如何添加和删除泪滴。

7.9.1　添加泪滴

在 PCB 设计环境下，按快捷键 T+E，弹出如图 7-72 所示的 Teardrops 对话框，在 Working Mode 栏中选中"Add"项，其他保持不变，然后单击"OK"按钮。

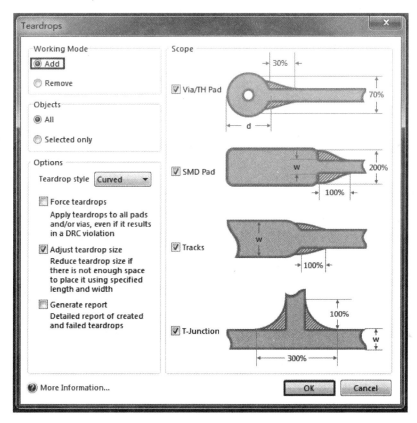

图 7-72　添加泪滴界面

执行完上述操作后，可以看到电路板上的焊盘与导线的连接处增加了泪滴，如图 7-73 所示。

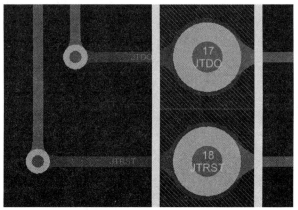

图 7-73　添加泪滴后的焊盘

7.9.2　删除泪滴

对电路重新布线时，如果已经补了泪滴，就需要先删除泪滴，具体做法是：按快捷键 T+E，弹出如图 7-74 所示的 Teardrops 对话框，在 Working Mode 栏中选中"Remove"项，其他保持不变，然后单击"OK"按钮。

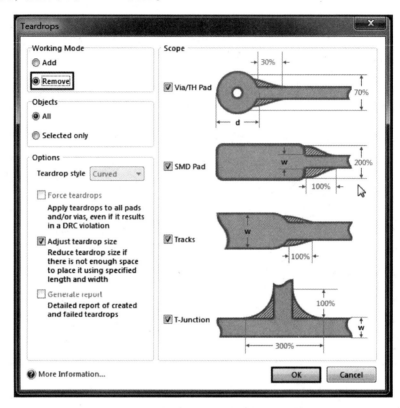

图 7-74　删除泪滴界面

执行完上述操作后，可以看到电路板上的焊盘与导线连接处的泪滴已全部被删除，如图 7-75 所示。

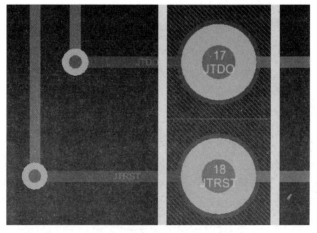

图 7-75　删除泪滴后的焊盘

7.10　过孔盖油

绝大多数 PCB 板在设计时都要考虑过孔盖油，这样可以更好地保护过孔。盖油后的过孔既不容易氧化失效，也不容易与其他导体发生短路。下面介绍如何对过孔进行盖油操作。

7.10.1　单个过孔盖油

双击要进行盖油的过孔，弹出如图 7-76 所示的 Via 对话框，勾选右下角的"Force complete tenting on top"和"Force complete tenting on bottom"项，即对过孔执行顶层盖油和底层盖油操作。单击"OK"按钮关闭对话框。

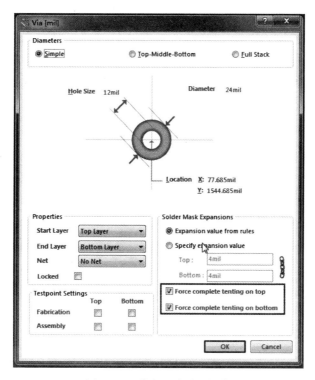

图 7-76　单个过孔盖油操作

图 7-77、图 7-78 所示分别为未盖油的过孔和盖油后的过孔的效果图。

图 7-77　未盖油的过孔

图 7-78　盖油后的过孔

7.10.2　批量过孔盖油

一般而言，同一块 PCB 板上的过孔尺寸都是一致的，如 STM32 核心板上过孔的直径都是 24mil。因此，在进行批量过孔盖油时，可利用这一特点进行筛选。

选中 PCB 板中的一个过孔，单击鼠标右键，弹出如图 7-79 所示的 Find Similar Objects 对话框，在 Via Diameter 栏对应的下拉菜单中选择"Same"，然后，单击"OK"按钮，即可筛选出直径均为 24mil 的过孔。

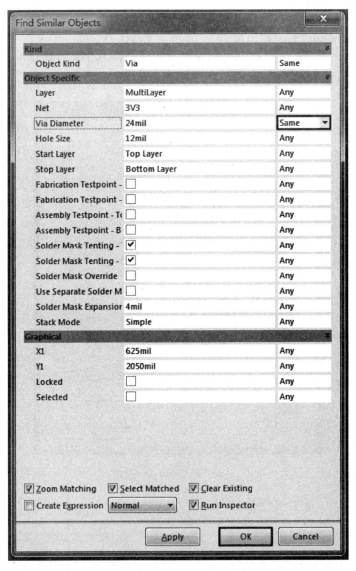

图 7-79　批量过孔盖油步骤一

接着，打开 PCB Inspector 面板，按照图 7-80 所示，勾选"Solder Mask Tenting-Top"和"Solder Mask Tenting-Bottom"项，即可对所有直径为 24mil 的过孔的顶层进行批量盖油。图 7-81、图 7-82 所示分别为未盖油的过孔和盖油后的过孔的 3D 效果图。

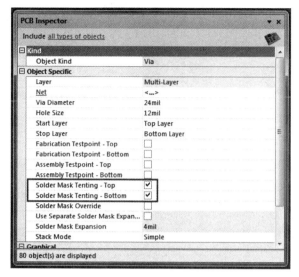

图 7-80　批量过孔盖油步骤二

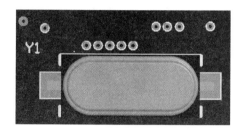

图 7-81　未盖油过孔的 3D 效果图

图 7-82　盖油后过孔的 3D 效果图

7.11　添加电路板信息和信息框

为了便于产品管理，可在电路板上添加电路板名称、版本信息及信息框。除此之外，还要在 PCB 文件中添加 PCB 设计软件、电路板版本、PCB 设计日期、电路板长宽、电路板厚度、电路板名称、电路板层数、板材类型、电路板颜色、铜箔厚度、设计者信息等。下面介绍如何添加上述信息。

7.11.1　添加电路板名称丝印

首先将 PCB 工作层切换到 Top Overlay 层，因为电路板名称应显示在电路板顶层。然后，执行菜单命令 Place→String，或按快捷键 P+S，或单击工具栏中的 **A** 按钮，再按 Tab 键，在弹出的 String 对话框中，在 Text 栏中输入电路板名称，即"STM32 核心板"，Font 选择 True-Type，Font Name 选择 Arial，将 Height 设置为 80mil，如图 7-83 所示。注意，String 对话框中的单位 mil 和 mm 可以通过快捷键 Ctrl+Q 进行切换。

将电路板名称放置在电路板正面下方居中的位置。添加电路板名称后，可按主键盘上的"3"键切换到 3D 视图模式，如图 7-84 所示。按主键盘上的"2"键可切换到 2D 视图模式。

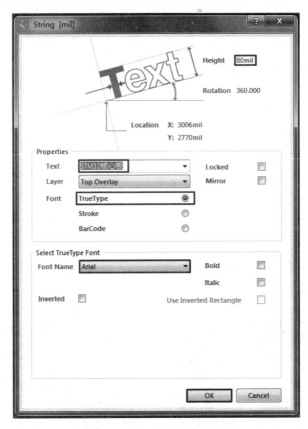

图 7-83　添加电路板名称丝印

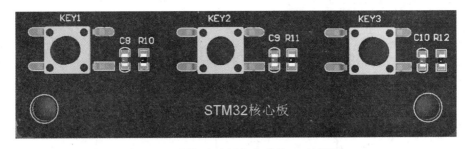

图 7-84　添加电路板名称后的 3D 效果图

7.11.2　添加版本信息和信息框

添加版本信息可方便对电路板进行版本管理。由于版本信息位于电路板底部，因此，先将 PCB 工作层切换到 Bottom Overlay 层，然后，执行菜单命令 Place→String，再按 Tab 键，在弹出的 String 对话框中，按图 7-85 所示填写版本信息，选择字体，更改字体高、宽和位置，并勾选"Mirror"项。注意，若在电路板正面添加文字则不需要勾选"Mirror"项。

信息框主要用于对 PCB 板进行编号。信息框也位于电路板底部，同样先将 PCB 工作层切换到 Bottom Overlay 层，然后，执行菜单命令 Place→Fill，或按快捷键 P+F，或单击工具栏的 ▣ 按钮。然后，单击一次确定信息框的左上角，再次单击确定信息框的右下角，双击信息框，按照图 7-86 所示设置其长、宽及位置。Fill 对话框中的单位 mil 和 mm 可以通过快捷键 Ctrl+Q 进行切换。

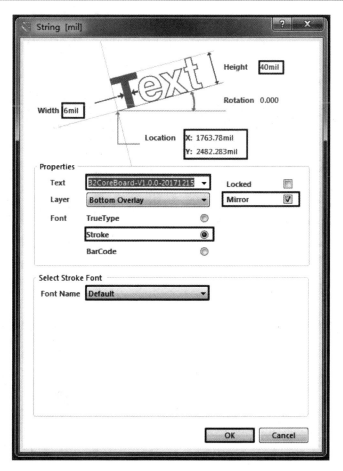

图 7-85　添加版本信息

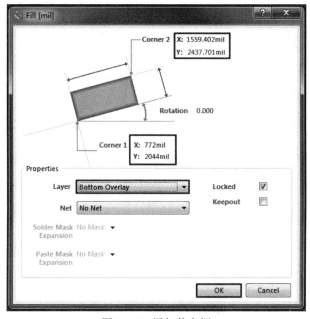

图 7-86　添加信息框

添加完版本信息和信息框后的 2D 效果图如图 7-87 所示，3D 效果图如图 7-88 所示。

在 2D 视图下，可以按主键盘上的"3"键切换到 3D 视图。在 3D 视图下，可按快捷键 V+B 对电路板进行翻转。

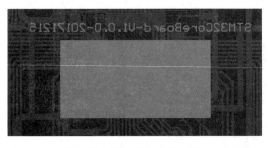

图 7-87　添加版本信息和信息框后的 2D 效果图

图 7-88　添加版本信息和信息框后的 3D 效果图

7.11.3　添加 PCB 信息

将 PCB 工作层切换到 Mechanical 1 层，添加如图 7-89 所示的信息和信息框，并将其放置在 PCB 的上方。图中的信息分别表示：PCB 设计使用的是 Altium Designer15 软件，电路板版本为 V1.0.0，PCB 设计日期为 2017 年 12 月 15 日，电路板的长×宽为 109×59mm，电路板厚度为 1.6mm、电路板名称为 STM32CoreBoard，电路板层数为 2，板材类型为 FR4，电路板颜色为蓝色，铜箔厚度为 1OZ，设计者为 ZS（姓名拼音首字母）。注意，在 PCB 打样时，这些信息是被忽略的。

图 7-89　在 Mechanical
1 层添加 PCB 信息

 ## 7.12　覆铜

覆铜是指将电路板上没有布线的部分用固体铜填充，又称为灌铜，一般与电路的一个网络相连，多数情况是与 GND 网络相连。对大面积的 GND 或电源网络覆铜将起到屏蔽作用，可提高电路的抗干扰能力；此外，覆铜还可以提高电源效率，与地线相连的覆铜可以减小环路面积。

7.12.1　设置覆铜规则

在覆铜之前，先设置覆铜规则。按快捷键 D+R，在弹出的 PCB Rules and Constraints Editor 对话框中，依次单击 Design Rules→Plane→Power Plane Connect Style→PlaneConnect，然后在 Connect Style 的下拉菜单中选择 Relief Connect，如图 7-90 所示。该对话框中的单位 mil 和 mm 可以通过快捷键 Ctrl+Q 进行切换。

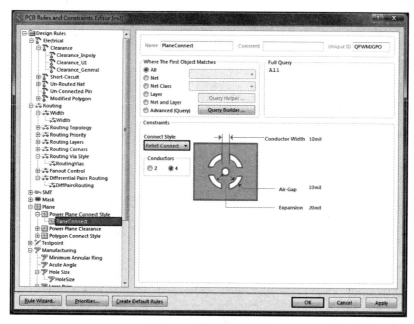

图 7-90　设置覆铜规则

7.12.2　覆铜操作

对于 STM32 核心板，覆铜网络设置为 GND 网络，在覆铜之前，首先要绘制一个覆铜区。由于顶层和底层覆铜方式类似，本节重点介绍如何进行顶层覆铜。

将 PCB 工作层切换到 Top Layer 层，执行菜单命令 Place→Polygon Pour，或按快捷键 P+G，或单击工具栏中的 ▣ 按钮，在弹出的 Polygon Pour 对话框中，按照图 7-91 所示设置参数。注意，勾选 "Remove Dead Copper" 项表示在覆铜过程中删除死铜。

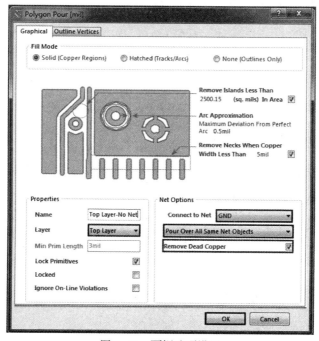

图 7-91　覆铜选项设置

设置完以上参数，单击"OK"按钮，然后绘制一个比电路板板框略大的矩形框，如图 7-92 所示。具体操作是：首先单击确定矩形框的一个顶点，移动指针至拐点处，再次单击确定第二个顶点，直至确定矩形框的第四个顶点。

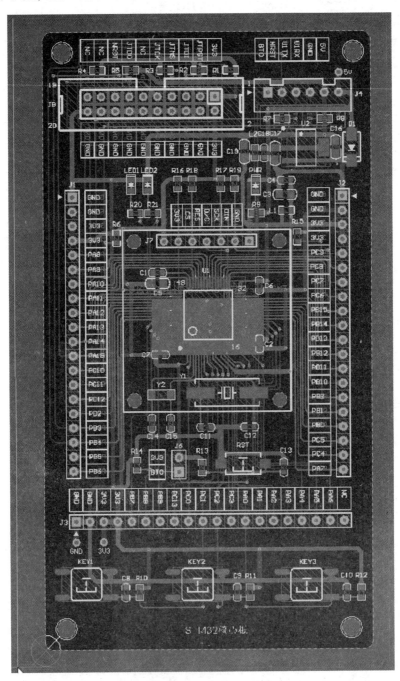

图 7-92　绘制覆铜区域

单击鼠标右键退出绘图模式，系统自动将四个顶点顺次连接起来构成一个闭合矩形框，同时，在矩形框内部自动生成顶层的覆铜，如图 7-93 所示。

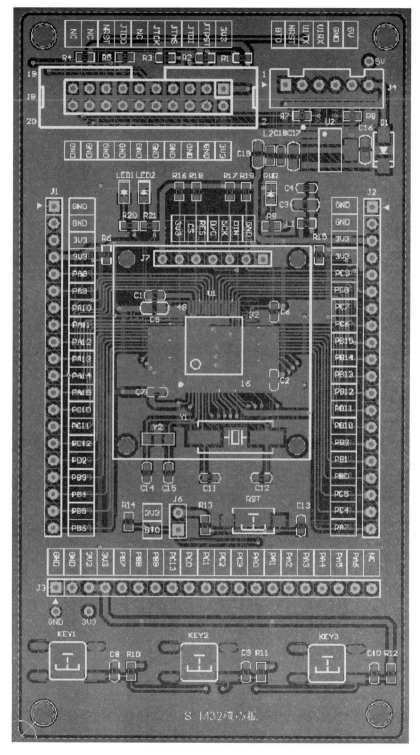

图 7-93　顶层覆铜

　　完成顶层覆铜之后，将 PCB 工作层切换到 Bottom Layer 层，再次执行覆铜命令，为底层覆铜。方法与顶层覆铜相同，底层覆铜后如图 7-94 所示。

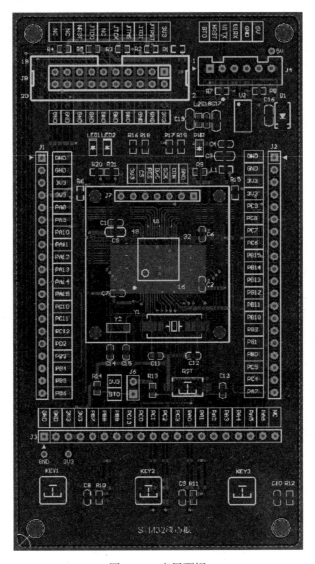

图 7-94　底层覆铜

 7.13　DRC 规则检测

DRC 规则检测是根据读者设置的规则对 PCB 设计进行检测。在 PCB 设计环境下，执行菜单命令 Tools→Design Rule Check，如图 7-95 所示。

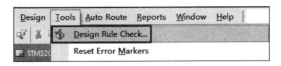

图 7-95　DRC 规则检测步骤一

系统弹出如图 7-96 所示的 Design Rule Checker 对话框，单击左下角的 "Run Design Rule Check" 按钮，进行 DRC 规则检测。

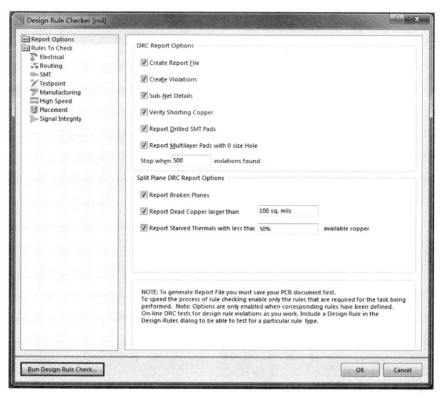

图 7-96　DRC 规则检测步骤二

随后生成 Design Rule Verification Report，如图 7-97 所示。可以看到，Warnings（警告）和 Rule Violations（规则冲突）的数量均为 0，表示电路板没有电气错误。

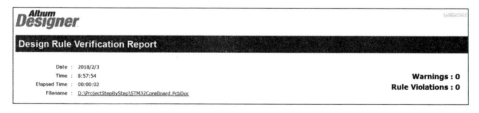

图 7-97　DRC 规则检测结果

 ## 7.14　常见问题及解决方法

7.14.1　Footprint Not Found 问题

问题：将原理图导入 PCB 时，如果有些元器件未添加 PCB 封装，则会出现 "Footprint Not Found ＊＊＊" 的错误提示，即没有找到该元器件的封装。例如，如图 7-98 所示，将原理图导入 PCB 时，未找到 D1 的 PCB 封装。

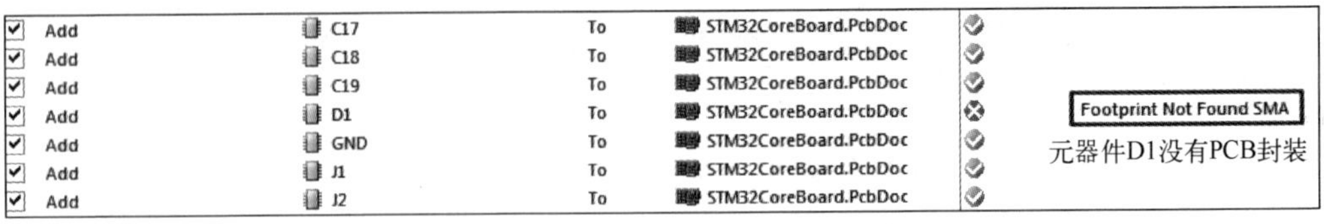

☑	Add	C17	To	STM32CoreBoard.PcbDoc	✓	
☑	Add	C18	To	STM32CoreBoard.PcbDoc	✓	
☑	Add	C19	To	STM32CoreBoard.PcbDoc	✓	
☑	Add	D1	To	STM32CoreBoard.PcbDoc	✗	Footprint Not Found SMA
☑	Add	GND	To	STM32CoreBoard.PcbDoc	✓	元器件D1没有PCB封装
☑	Add	J1	To	STM32CoreBoard.PcbDoc	✓	
☑	Add	J2	To	STM32CoreBoard.PcbDoc	✓	

图 7-98　Footprint Not Found 问题

解决方法：先在原理图中找到该元器件，然后双击该元器件，如图 7-99 所示。

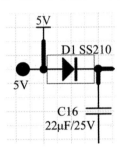

图 7-99　Footprint Not Found 解决步骤一

系统会弹出如图 7-100 所示的 Properties for Schematic Component in Sheet 对话框，可以看到在 Models 栏的 Description 列中显示 "Footprint not found"，表示 PCB 封装未找到。双击 Type 列中的 Footprint 准备添加 PCB 封装库。

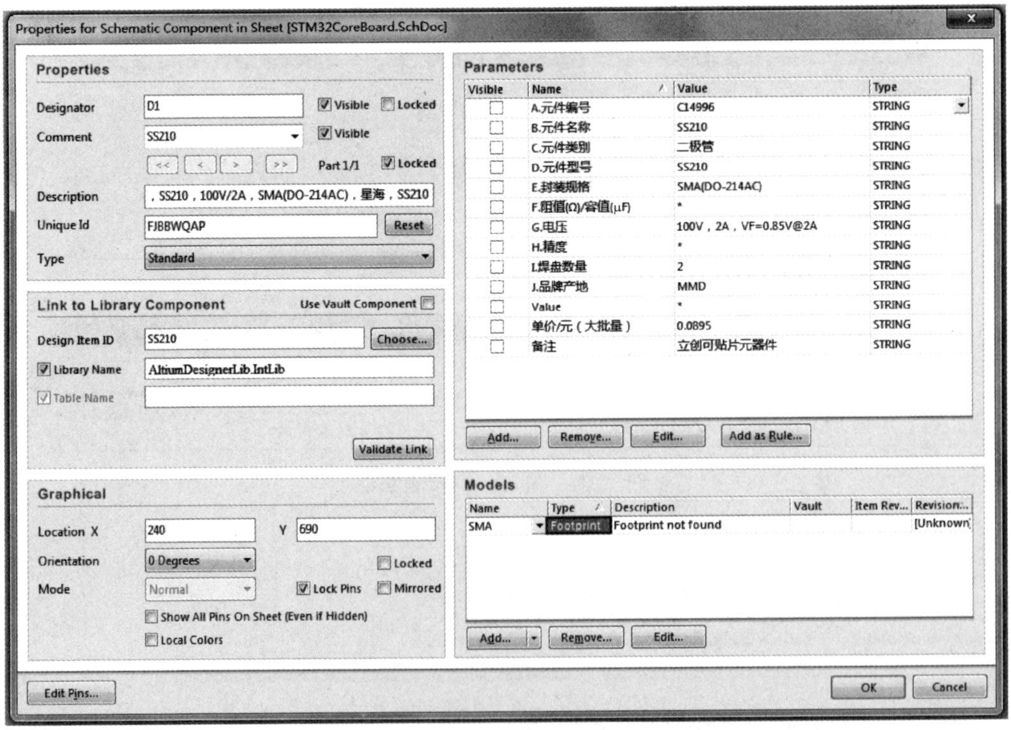

图 7-100　Footprint Not Found 解决步骤二

在 PCB Model 对话框中，如图 7-101 所示，Selected Footprint 栏中显示 "SMA not found in project libraries or installed libraries"，表示封装不存在。

图 7-101　Footprint Not Found 解决步骤三

先点选 "Library path" 项，再单击 "Choose" 按钮，如图 7-102 所示。

图 7-102　Footprint Not Found 解决步骤四

　　然后，在弹出的路径选择对话框中，打开 "D：\《电路设计与制作实用教程（Altium Designer 版）》资料包\AltiumDesignerLib\PCBLib" 文件夹，选择 PCB 封装库，如图 7-103 所示。

图 7-103　Footprint Not Found 解决步骤五

添加完 PCB 封装库后，就可以在 PCB Model 对话框的 Name 栏中直接输入该 PCB 封装的名称进行搜索。由于 STM32 核心板上 D1 的 PCB 封装名称是 SMA，因此直接输入"SMA"，系统会自动在所添加的 PCB 封装库中搜索并显示在 Selected Footprint 栏中，如图 7-104所示。最后，单击"OK"按钮。

图 7-104　Footprint Not Found 解决步骤六

添加完 D1 封装后，在 Properties for Schematic Component in Sheet 对话框的 Models 栏中可以看到 Description 列已不再显示 "Footprint not found"，表示 D1 封装已经添加完成，如图 7-105 所示。最后，单击 "OK" 按钮。

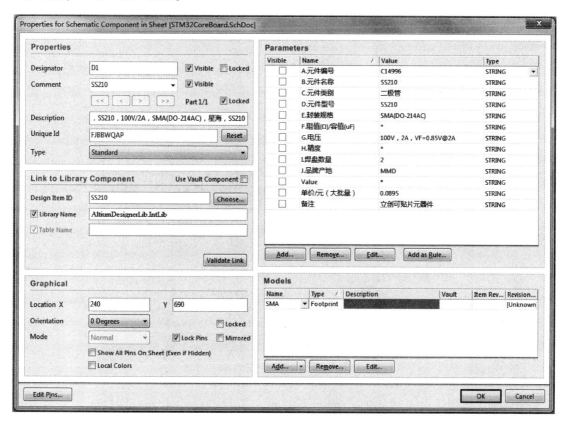

图 7-105　Footprint Not Found 解决步骤七

7.14.2　Unknown Pin 和 Failed to add class member 问题

问题：如果已经将原理图导入 PCB 中，又对原理图进行了修改，那么需要重新将原理图导入 PCB，此时常常会出现 "Unknow Pin：＊＊＊" 和 "Failed to add class member：＊＊＊" 错误，如图 7-106 和图 7-107 所示。

☑	Add	U1-5 to OSC_IN	In	STM32CoreBoard.PcbDoc	⊗	Unknown Pin: Pin U1-5
☑	Add	U1-6 to OSC_OUT	In	STM32CoreBoard.PcbDoc	⊗	Unknown Pin: Pin U1-6
☑	Add	U1-7 to NRST	In	STM32CoreBoard.PcbDoc	⊗	Unknown Pin: Pin U1-7
☑	Add	U1-8 to PC0	In	STM32CoreBoard.PcbDoc	⊗	Unknown Pin: Pin U1-8
☑	Add	U1-9 to KEY1	In	STM32CoreBoard.PcbDoc	⊗	Unknown Pin: Pin U1-9
☑	Add	U1-10 to KEY2	In	STM32CoreBoard.PcbDoc	⊗	Unknown Pin: Pin U1-10
☑	Add	U1-11 to OLED_DC	In	STM32CoreBoard.PcbDoc	⊗	Unknown Pin: Pin U1-11
☑	Add	U1-12 to GND	In	STM32CoreBoard.PcbDoc	⊗	Unknown Pin: Pin U1-12
☑	Add	U1-13 to NetC3_1	In	STM32CoreBoard.PcbDoc	⊗	Unknown Pin: Pin U1-13
☑	Add	U1-14 to KEY3	In	STM32CoreBoard.PcbDoc	⊗	Unknown Pin: Pin U1-14
☑	Add	U1-15 to PA1	In	STM32CoreBoard.PcbDoc	⊗	Unknown Pin: Pin U1-15
☑	Add	U1-16 to PA2	In	STM32CoreBoard.PcbDoc	⊗	Unknown Pin: Pin U1-16
☑	Add	U1-17 to PA3	In	STM32CoreBoard.PcbDoc	⊗	Unknown Pin: Pin U1-17

图 7-106　Unknown Pin 错误

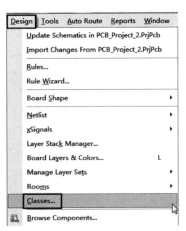

☑ Add	C6 to STM32CoreBoard	In	STM32CoreBoard.PcbDoc	⊗	Failed to add class member : Component C6 100nF (104) ±10% 50V SMD0603
☑ Add	C7 to STM32CoreBoard	In	STM32CoreBoard.PcbDoc	⊗	Failed to add class member : Component C7 100nF (104) ±10% 50V SMD0603
☑ Add	C8 to STM32CoreBoard	In	STM32CoreBoard.PcbDoc	⊗	Failed to add class member : Component C8 100nF (104) ±10% 50V SMD0603
☑ Add	C9 to STM32CoreBoard	In	STM32CoreBoard.PcbDoc	⊗	Failed to add class member : Component C9 100nF (104) ±10% 50V SMD0603
☑ Add	C10 to STM32CoreBoard	In	STM32CoreBoard.PcbDoc	⊗	Failed to add class member : Component C10 100nF (104) ±10% 50V SMD060...
☑ Add	C11 to STM32CoreBoard	In	STM32CoreBoard.PcbDoc	⊗	Failed to add class member : Component C11 22pF (220) ±5% 50V SMD0603
☑ Add	C12 to STM32CoreBoard	In	STM32CoreBoard.PcbDoc	⊗	Failed to add class member : Component C12 22pF (220) ±5% 50V SMD0603
☑ Add	C13 to STM32CoreBoard	In	STM32CoreBoard.PcbDoc	⊗	Failed to add class member : Component C13 100nF (104) ±10% 50V SMD060...

图 7-107　Failed to add class member 错误

解决方法：只要按照下面的步骤，分别删除 Netlist 和 Class，即可解决上述两个问题。

首先，在 PCB 设计环境中，执行菜单命令 Design→Netlist→Clear All Nets，如图 7-108 所示。

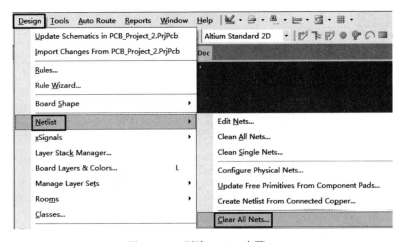

图 7-108　删除 Netlist 步骤一

系统弹出如图 7-109 所示的 Confirm 对话框，单击"Yes"按钮，即可在 PCB 中删除 Netlist。

继续删除 Class。具体操作是：在 PCB 设计环境中，执行菜单命令 Design→Classes，如图 7-110 所示。

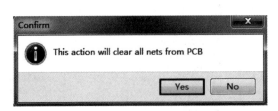

图 7-109　删除 Netlist 步骤二　　　　图 7-110　删除 Class 步骤一

在弹出的如图 7-111 所示的 Object Class Explorer 对话框中，选择 Object Classes→Component Classes 目录下的 STM32CoreBoard，然后，在右键快捷菜单中选择 Delete Class，就可以

删除 Class。删除 Netlist 和 Class 之后，再次执行从原理图到 PCB 的导入操作，就不会出现上述两种错误。

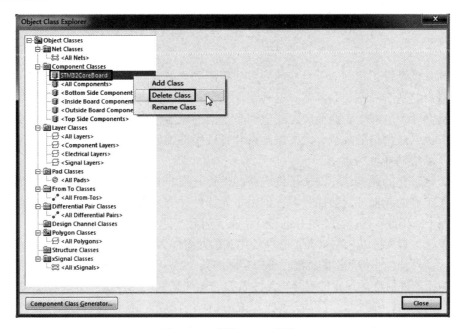

图 7-111　删除 Class 步骤二

 本章任务

学习完本章，应能够参照 STM32 核心板实物，完成整个 STM32 核心板的 PCB 设计。

****

 本章习题

1. 简述 PCB 设计的流程。
2. 泪滴的作用是什么？
3. 过孔盖油的作用是什么？
4. 覆铜的作用是什么？

第8章　创建元器件库

一名高效的硬件工程师通常会按照一定的标准和规范创建自己的元器件库[①]，这就相当于为自己量身打造了一款尖兵利器，这种统一和可重用的特点使得工程师在进行硬件电路设计时能够提高效率。对于企业而言，建立属于自己的元器件库就更为重要，在元器件库的制作及使用方面制定严格的规范，既可以约束和管理硬件工程师，又能加强产品硬件设计的规范，提升产品协同开发的效率。

可见，规范化的元器件库对于硬件电路的设计开发非常重要。尽管 Altium Designer 软件已经提供了丰富的元器件封装库资源，但由于元器件种类众多，且较分散，甚至有些元器件不包含在库中。因此，考虑到个性化的设计需求，有必要建立自己专属的既精简又实用的元器件库。鉴于此，本章将以 STM32 核心板所使用到的元器件为例，重点讲解元器件库的制作。

每个元器件都有非常严格的标准，都与实际的某个品牌、型号一一对应，并且每个元器件都有完整的元器件信息（如元件编号、元件名称、元件类别、元件型号、封装规格、阻值/容值、电压、精度、焊盘数量、品牌产地、Value（值）、单价、备注）、PCB 封装和 3D 封装。这种按照严格标准制作的元器件库会让整个设计变得非常简单、可靠、高效。学习完本章后，读者可参照本书提供的标准，或对其进行简单的修改，来制作自己专属的元器件库。

学习目标：

➢ 掌握集成库工程的创建方法。
➢ 掌握原理图库的创建方法及元器件符号的制作方法。
➢ 掌握 PCB 封装库的创建方法及 PCB 封装的制作方法。
➢ 掌握三种集成库的生成方法。

8.1　集成库的组成

在 Altium Designer 软件中，集成库文件包工程（.LibPkg）是制作集成库的基础，它由原理图库（.SchLib）和 PCB 封装库（.PcbLib）组成。集成库文件包工程经过编译就可以生成集成库（.IntLib），如图 8-1 所示。

集成库生成之后，可以将其安装到 Altium Designer 软件中直接使用。集成库中的元器件参数不能被修改，如果需要修改元器件的参数，必须在其对应的原理图库或 PCB 封装库文件中进行编辑，然后重新编译生成新的集成库。

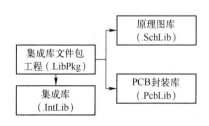

图 8-1　集成库的组成和生成示意图

---

① 这里的元器件库即指集成库，包括原理图库和 PCB 封装库。

原理图符号是指标识元器件电气性能的图形符号，对外形没有要求，但是对引脚有要求。PCB 封装是指在绘制 PCB 时所使用的元器件封装库，封装就是根据元器件实际的样子，按照元器件的大小、方向等参数制作而成。

8.2　集成库工程的创建

（1）打开 Altium Designer 软件，执行菜单命令 File→New→Project，如图 8-2 所示。

图 8-2　创建集成库工程步骤一

（2）在如图 8-3 所示的 New Project 对话框中，选择工程类型（Project Types），输入工程名称（Name）和工程保存路径（Location）。这里，工程类型选择 "Integrated Library"，工程名为 STM32CoreBoard，保存路径为 D:\STM32CoreBoardLib-V1.0.0-20171215。然后，取消 "Create Project Folder" 项的勾选，最后单击 "OK" 按钮，系统自动创建一个名为 STM32CoreBoardLib-V1.0.0-20171215 的文件夹，集成库工程位于该文件夹内。

（3）此时，可在 Projects（工程）面板中看到新建的工程文件，如图 8-4 所示，工程名为 STM32CoreBoard，后缀为 LibPkg。由于该工程中没有任何内容，工程名下显示 "No Documents Added"。

图 8-3　创建集成库工程步骤二

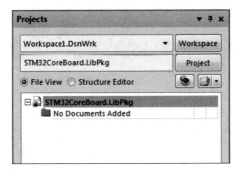

图 8-4　STM32CoreBoard 集成库工程

8.3　创建原理图库

原理图库由一系列元器件的图形符号组成。尽管 Altium Designer 软件提供了大量的原理图符号，但是，在电路板设计过程中，仍有很多原理图符号无法在库里找到。因此，设计者有必要掌握自行设计原理图符号的技能，并能够建立属于自己的原理图库。本节除了介绍创建原理图库的方法，还将介绍添加 PCB 封装的方法。

8.3.1　创建元器件原理图库的流程

创建元器件原理图库的流程（见图 8-5）包括：（1）新建原理图库；（2）新建元器件；（3）绘制元器件实体符号；（4）添加引脚（设置极性）；（5）添加元器件属性信息；（6）添加 PCB 封装。如果需要在原理图库中添加不止一种元器件的原理图符号，可以通过重复（2）~（6）的操作来实现。

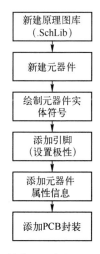

图 8-5　创建元器件的原理图库流程

8.3.2　新建原理图库

如图 8-6 所示，在 Altium Designer 软件的 Projects（工程）面板中找到集成库工程文件 STM32CoreBoard. LibPkg 并单击鼠标右键，在快捷菜单中选择 Add New to Project→Schematic Library，即可在集成库工程文件中添加一个原理图库。

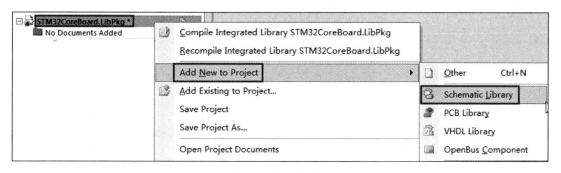

图 8-6　添加原理图库

如图 8-7 所示，STM32CoreBoard 集成库工程文件下新增了一个原理图库文件，系统默认的文件名为 Schlib1. SchLib。为了保持命名一致性，将集成库工程文件名与原理图库名、PCB 封装库名都命名为"STM32CoreBoard"，不同类型的库（集成库、原理图库、PCB 封装库）通过后缀来区分，这里将默认的文件名 Schlib1. SchLib 改为 STM32CoreBoard.SchLib。具体操作是：用鼠标右键单击 Schlib1. SchLib 文件，在右键快捷菜单中单击 Save As 命令。

弹出如图 8-8 所示的文件保存对话框，选择库工程所在文件夹（D：\STM32CoreBoardLib-V1. 0. 0-20171215）进行保存，将原理图库文件名改为 STM32CoreBoard. SchLib，然后单击"保存"按钮。

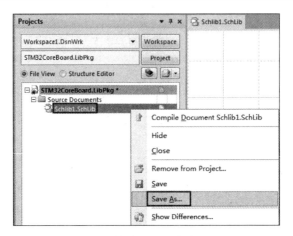

图 8-7　保存原理图库步骤一

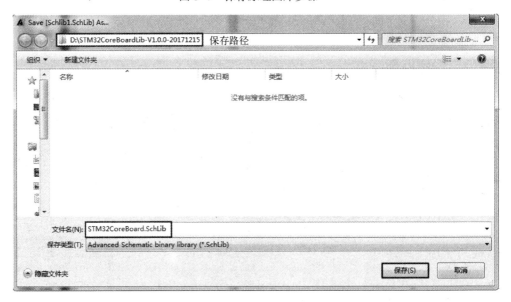

图 8-8　保存原理图库步骤二

8.3.3　在原理图库中新建元器件

在原理图库设计界面的右下角，单击"SCH"按钮，在弹出的快捷菜单中单击 SCH Library 命令，如图 8-9 所示。

在弹出的 SCH Library 面板中，可以看到系统已经自动创建了一个名为 Component_1 的元器件，如图 8-10 所示。

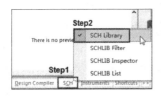

图 8-9　打开 SCH Library 面板

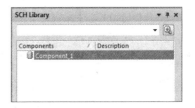

图 8-10　查看 SCH Library 面板

下面讲解如何手动创建一个元器件。首先，执行菜单命令 Tools→New Component，如图 8-11 所示。

在弹出的如图 8-12 所示的 New Component Name 对话框中，输入元器件名称，如这里输入一个电阻的名称"10kΩ（1002）±1% SMD0603"，然后单击"OK"按钮，即可完成创建。

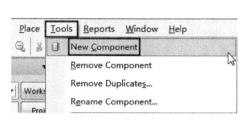

图 8-11　手动创建元器件步骤一

图 8-12　手动创建元器件步骤二

8.3.4　制作电阻原理图符号

1. 绘制元器件符号

参照 8.3.3 节新建一个元器件，双击新建的元器件，在弹出的对话框中输入电阻的名称"10kΩ（1002）±1% SMD0603"。然后在 SCH Library 面板中选择"10kΩ（1002）±1% SMD0603"。

接下来，绘制电阻外框。在英文输入法环境下，按快捷键 G 即可切换最小栅格，每按一次快捷键 G，最小栅格就会按 1、5、10 的顺序循环切换，最小栅格的大小显示在 Altium Designer 软件界面的左下角。这里设置最小栅格为 1。执行菜单命令 Place→Line，或按快捷键 P+L，这时指针变成带有十字，说明进入了连线模式，单击确定第一个点，再次单击确定第二个点，等等，按 Esc 键即可退出连线模式。如果还需要继续绘制，可重复上述操作；如果要退出连线模式，则按 Esc 键。如图 8-13 所示绘制电阻外框的一条边，长度为 8mil。

图 8-13 中线条的颜色为黑色，在 Altium Designer 软件中，习惯将电阻的外框设置为蓝色。设置线条颜色的方法是：退出连线模式，双击需要更改颜色的线条，弹出 PolyLine 对话框，在 Color 一栏选择蓝色，同时将线宽（Line Width）设为 Small，最后单击"OK"按钮，如图 8-14 所示。

图 8-13　绘制电阻外框步骤一

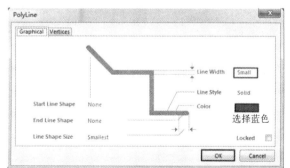

图 8-14　绘制电阻外框步骤二

电阻外框为一个矩形，长为 20mil，宽为 8mil，图 8-15 所示为电阻完整的外框图。需要注意的是，电阻外框应位于整个视图的正中央。

接着给绘制好的电阻添加两个引脚。执行菜单命令 Place→Pin，如图 8-16 所示，或按快捷键 P+P。

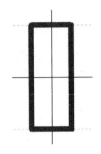

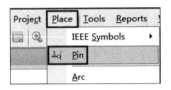

图 8-15　电阻完整的外框　　　　　　图 8-16　添加电阻引脚

此时指针处出现一个引脚，按 Tab 键弹出如图 8-17 所示的 Pin Properties 对话框。可以看到，Display Name（引脚名称）和 Designator（引脚编号）是相同的，取消勾选其后的"Visible"项，即可隐藏引脚名称和编号。此时，在右侧预览区中可以看到引脚名称和编号已经被隐藏。然后将 Graphical 栏中的 Length（引脚长度）修改为 10，此时预览图中的引脚长度变为 10。单击"OK"按钮，即可完成引脚的属性设置。

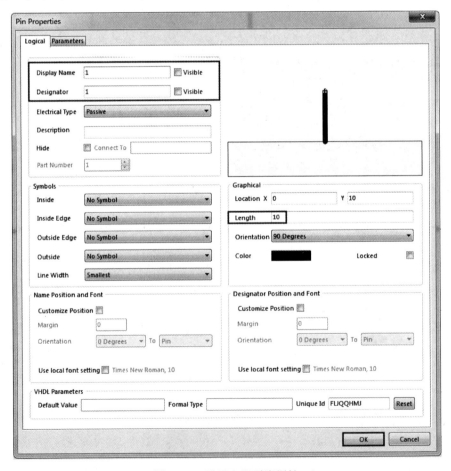

图 8-17　设置电阻引脚属性

此时，指针变成带有十字和红叉，如图 8-18 所示，说明进入了引脚放置模式，可以通过按空格键对引脚进行 90°旋转。注意，带电气特性的一端放置在外侧，另一端与电阻外框相连。

完整的电阻原理图符号如图 8-19 所示。注意，带电气特性的一端有 4 个小白点。

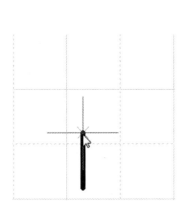

图 8-18　放置电阻引脚

带电气特性的一端放在外侧与导线连接，该端有4个白色小圆点

图 8-19　电阻原理图符号

说明：为了让初学者既无须建立自己的实体物料库，又能够方便地使用规范的物料库，建议直接使用立创商城（www.szlcsc.com）的物料体系，并可直接从立创商城上进行物料采购。立创商城提供的物料体系较严谨、规范，且采购方便、价格实惠，基本可以实现一站式采购。读者只需要在焊接电路板前或者交由工厂贴片时采购物料，就可既省时又节约成本，大大降低了学习电路设计和制作的门槛和成本。如果出现下架或缺货的情况，可以非常容易地在该商城找到可替代的元器件。由于本书引用了立创商城上的元器件编号，因此读者可以在立创商城上根据 STM32 核心板元器件清单上的元器件编号采购所需的元器件。

2. 添加属性信息

绘制好元器件后，需要对原理图库添加信息，以方便后续打样、备料、贴片。应对每个元器件添加以下信息。

① 元器件编号：与立创商城上的商品编号一致，可以在立创商城上通过元器件编号快速搜索，一个编号对应一个元器件。

② 元器件名称：与立创商城上的商品名称基本一致。

③ 元器件类别：与立创商城上的商品类别一致。

④ 元器件型号：与立创商城上的厂家型号一致。

⑤ 封装规格：与立创商城上的封装规格一致。

⑥ 阻值（Ω）/容值（μF）：如果元器件为电阻则输入阻值，如果为电容则输入容值，如果既非电阻也非电容，则输入"＊"，表示忽略。

⑦ 电压：即电容的耐压值。如果非电容，则输入"＊"，表示忽略。

⑧ 精度：即元器件的精度值。

⑨ 焊盘数量：即元器件的焊盘数量。工厂通过焊盘数量来计算贴片的价格，便于后期计算成本。

⑩ 品牌产地：与立创商城上的品牌一致。

⑪ Value（值）：有值的元器件需要输入其值，如电阻值、电容值、电感值、晶振的振

荡频率等。对于芯片、插件、开关等元器件，则输入"∗"，表示忽略。

⑫ 单价/元（大批量）：与立创商城上的最大批量的价格一致，便于后期计算成本。

⑬ 原创：填写原创信息，用于版权保护，读者可根据实际信息填写。

⑭ 备注："立创可贴元器件"、"立创非可贴元器件"或"非立创元器件"。备注"立创可贴元器件"表示在立创商城上进行打样的同时，还可以直接进行贴片；备注"立创非可贴元器件"表示可以在立创商城上采购但是无法在立创商城上贴片；备注"非立创元器件"表示立创商城上没有该元器件，需要在其他地方采购。

本书选用了立创商城上编号为 C25804 的 10kΩ 电阻（0603 封装），其详细信息如图 8-20 所示。

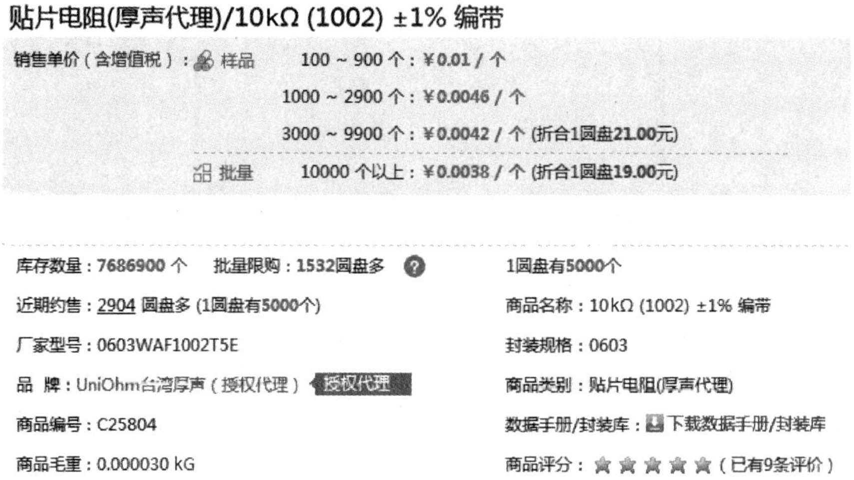

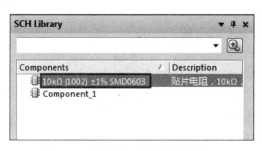

图 8-20　立创商城上 10kΩ 电阻（0603 封装）的信息

下面给 10kΩ 电阻添加属性信息。在 SCH Library 面板中双击"10kΩ（1002）±1% SMD0603"，如图 8-21 所示。

图 8-21　添加电阻属性信息步骤一

在弹出的 Library Component Properties 对话框中，如图 8-22 所示，单击粗黑线框内"Add"按钮。

弹出 Parameter Properties 对话框，如图 8-23 所示，在 Name 栏中输入项目名称，这里输入"A. 元件编号"，在 Value 栏中输入从立创商城中获取的元器件编号，这里输入"C25804"，单击"OK"按钮，完成该电阻属性信息的添加。

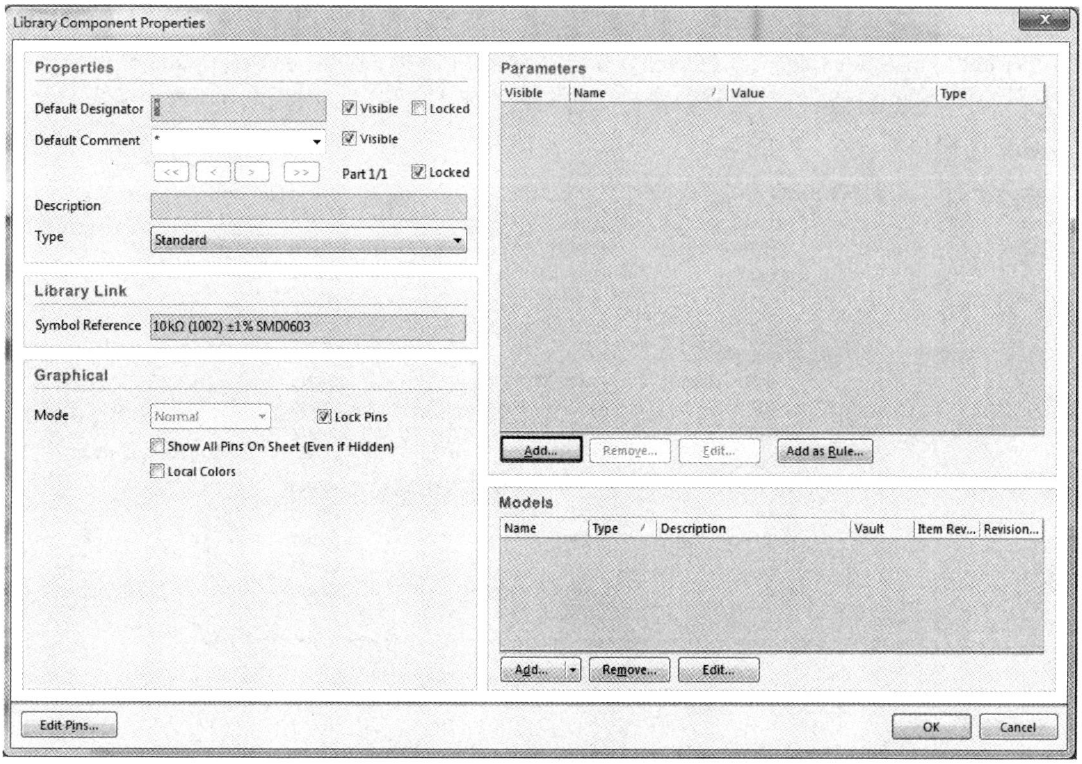

图 8-22　添加电阻属性信息步骤二

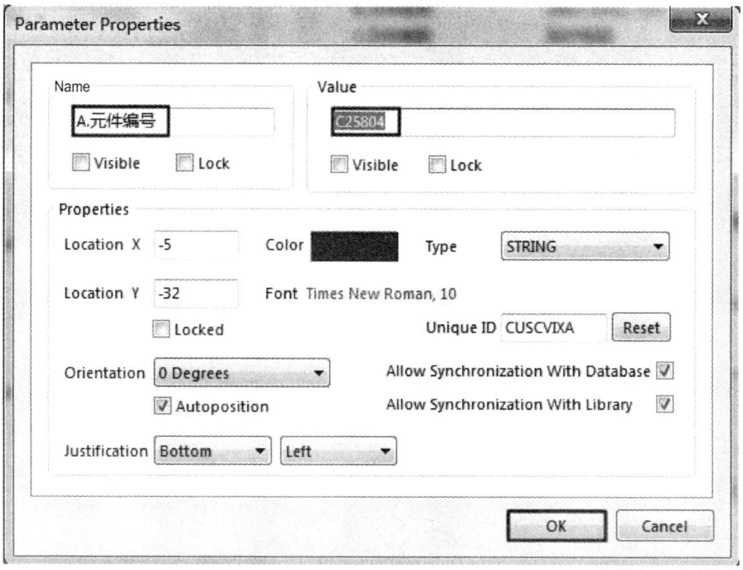

图 8-23　添加电阻属性信息步骤三

继续添加其他元器件的属性信息，完成后如图 8-24 所示。注意，由于电阻的值是可见的，因此，在添加 Value 项目信息时，切记勾选 Value 栏中的 "Visible" 项。

根据以下规则，在 Library Component Properties 对话框（见图 8-25）中的 Properties 和 Library Link 栏中输入相关信息。在 Default Designator 栏中，如果是电阻，则输入 "R？"；如

果是电容，则输入"C?"；如果是芯片，则输入"U?"；如果是插件，则输入"J?"，并勾选"Visible"。Default Comment 栏的输入格式为"元件名称+封装"。Description 栏的输入格式为"元件类别+阻值+精度+封装+品牌产地+元件型号"。Symbol Reference 栏的输入格式为"元件名称+封装"。

Parameters

Visible	Name	/	Value	Type
☐	A.元件编号		C25804	STRING	▼
☐	B.元件名称		10kΩ (1002) ±1%	STRING
☐	C.元件类别		贴片电阻	STRING
☐	D.元件型号		0603WAF1002T5E	STRING
☐	E.封装规格		0603	STRING
☐	F.阻值(Ω)/容值(uF)		10000.0000000000	STRING
☐	G.电压		*	STRING
☐	H.精度		±1%	STRING
☐	I.焊盘数量		2	STRING
☐	J.品牌产地		UniOhm台湾厚声（授权代理）	STRING
☑	Value		10kΩ	STRING
☐	单价/元（大批量）		0.003	STRING
☐	原创		SZLY	STRING
☐	备注		立创可贴片元器件	STRING

图 8-24　添加电阻属性信息步骤四

参照上述规则，10kΩ 电阻（0603 封装）的信息按照图 8-25 所示进行添加。

Library Component Properties

Properties

Default Designator　R?　　☑ Visible　☐ Locked
Default Comment　10kΩ (1002) ±1% SMD060 ▾　☐ Visible
　　　　　　　　`<<` `<` `>` `>>`　Part 1/1　☐ Locked
Description　UniOhm台湾厚声（授权代理），0603WAF1002T5E
Type　Standard ▾

Library Link

Symbol Reference　10kΩ (1002) ±1% SMD0603

图 8-25　添加电阻属性信息步骤五

3. 添加 PCB 封装

添加完电阻属性信息后，还需要添加电阻的 PCB 封装。PCB 封装的制作将在后面详细讲解，这里使用本书配套资料包中提供的 PCB 封装库。

在 Library Component Properties 对话框中的 Models 栏中添加元器件的 PCB 封装，如图 8-26 所示，单击 Models 栏左下角的"Add"按钮。

在弹出的 Add New Model 对话框中单击"OK"按钮，如图 8-27 所示。

在弹出的 PCB Model 对话框中点选"Library path"项，再单击"Choose"按钮，如图 8-28 所示。

如图 8-29 所示，打开"D:\《电路设计与制作实用教程（Altium Designer 版）》资料包\AltiumDesignerLib\PCBLib"文件夹，选择 PCB 封装库。

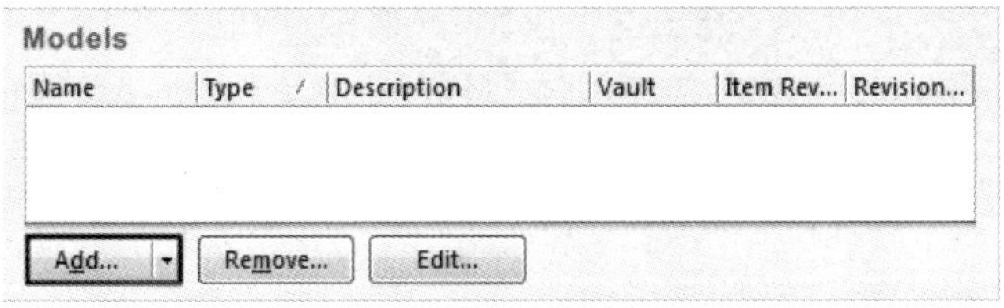

Models

Name	Type	/	Description	Vault	Item Rev...	Revision...

[Add...] [Remove...] [Edit...]

图 8-26　添加电阻 PCB 封装步骤一

图 8-27　添加电阻 PCB
封装步骤二

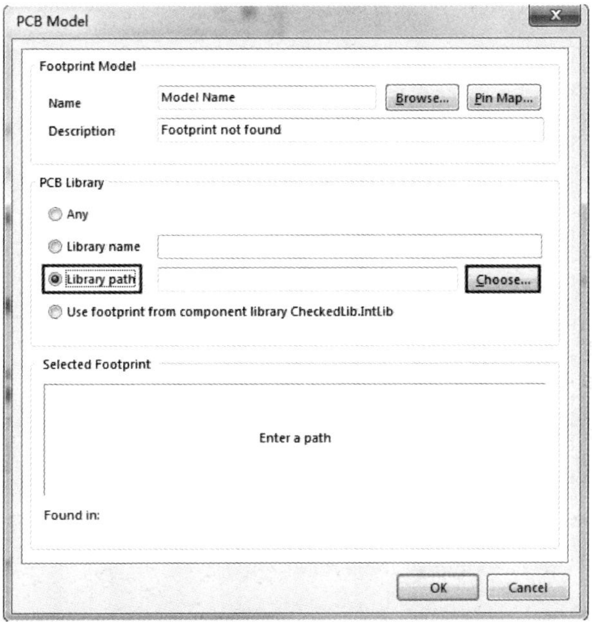

图 8-28　添加电阻 PCB 封装步骤三

图 8-29　选择 PCB 封装库

　　添加完成 PCB 封装库后，如果已知元器件 PCB 封装的名称并确认它就在当前可用封装库中，则在 Name 栏中直接输入该 PCB 封装的名称，系统会自动在所添加的 PCB 封装库中搜索并显示，如 10kΩ 的电阻 PCB 封装为 "R 0603"，则直接输入 "R 0603" 即可，如图 8-30所示。

图 8-30　输入电阻的 PCB 封装名称

如果不知道元器件的 PCB 封装名称，则需要读者自行搜索。如图 8-31 所示，单击"Browse"按钮，打开 Browse Libraries 对话框，如图 8-32 所示。

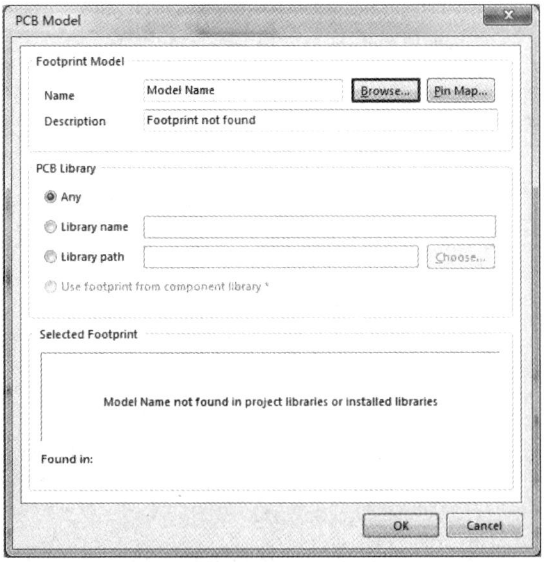

图 8-31　打开浏览库

在 Browse Libraries 对话框中可以浏览 Altium Designer 软件已经添加的库，可以在 Libraries 下拉菜单中进行选择。如果没有已经添加的库，则需要先添加 PCB 封装库才可搜索元器件的 PCB 封装。

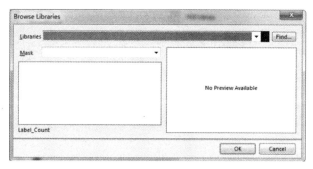

图 8-32　添加 PCB 封装库步骤一

单击 Libraries 栏右侧的黑色按钮，弹出 Available Libraries 对话框，在 Project 标签页中单击 "Add Library" 按钮，添加 PCB 封装库，如图 8-33 所示。

图 8-33　添加 PCB 封装库步骤二

如图 8-34 所示，打开 "D:\《电路板设计与制作使用教程（Altium Designer 版）》资料包\AltiumDesignerLib\PCBLib" 文件夹，选择 PCB 封装库（STM32CoreBoard. PcbLib 文件），然后单击 "打开" 按钮。

图 8-34　添加 PCB 封装库步骤三

返回到 Available Libraries 对话框，可以看到 STM32CoreBoard.PcbLib 文件已经被成功添加，最后单击"Close"按钮，如图 8-35 所示。

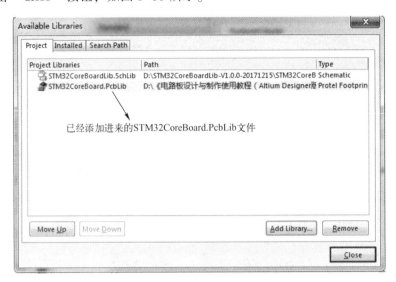

图 8-35　添加 PCB 封装库步骤四

添加完 STM32CoreBoard.PcbLib 文件后，可以在 Browse Libraries 对话框（见图 8-36）中的 Libraries 下拉菜单中选择该库。Mask 栏中无须输入任何内容，就可以看到该 PCB 封装库中所有的 PCB 封装。由于 STM32 核心板上使用的元器件封装只有约 20 个，因此，可以直接选择与元器件原理图对应的 PCB 封装，然后单击"OK"按钮。

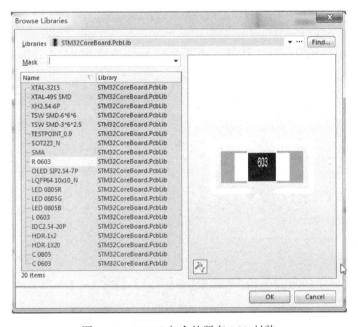

图 8-36　STM32 包含的所有 PCB 封装

还可以利用 Mask 栏对 PCB 封装进行筛选。例如，搜索电阻的封装时输入"R"，然后在 Name 栏选择"R 0603"封装，如图 8-37 所示，最后单击"OK"按钮。

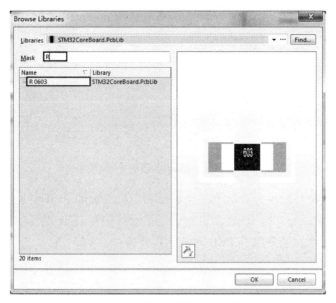

图 8-37　搜索电阻的 PCB 封装

在 PCB Model 对话框中可以看到所选电阻的 PCB 封装，单击"OK"按钮即可添加电阻的 PCB 封装，如图 8-38 所示。

图 8-38　添加电阻的 PCB 封装

此时，在 Library Component Properties 对话框中的 Models 栏中可以看到已经添加的电阻的 PCB 封装，即"R 0603"，如图 8-39 所示，单击"OK"按钮退出对话框。

图 8-39　完成添加电阻的 PCB 封装

同时，在原理图符号设计界面的右下角可以查看已添加的 PCB 封装的 3D 视图。若该窗口显示某元器件的 PCB 封装的 3D 视图，则说明该元器件有 PCB 封装，如图 8-40 所示；如果没有显示，则说明该元器件没有 PCB 封装，需要添加。

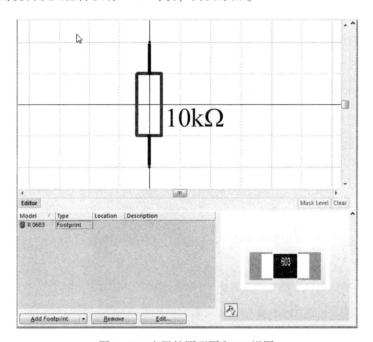

图 8-40　电阻的原理图和 3D 视图

最后，单击菜单栏的"保存"按钮保存绘制完成的 10kΩ 电阻（0603 封装）原理图符号。在 SCH Library 面板中可以看到新建的 0603 电阻原理图符号，如图 8-41 所示。

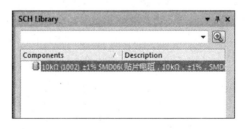

图 8-41　新建的电阻原理图符号

8.3.5　制作蓝色发光二极管原理图符号

1. 绘制元件符号

打开 Altium Designer 软件的 Projects（工程）面板，找到集成库工程文件 STM32CoreBoard. LibPkg，双击 STM32CoreBoard. SchLib。执行菜单命令 Tools → New Component 新建一个元器件，在弹出的面板中，输入蓝色发光二极管的名称"蓝色发光二极管 SMD0805"。接着在 SCH Library 面板中，单击"蓝色发光二极管 SMD0805"，再执行菜单命令 Place→Polygon，或按快捷键 P+Y，开始绘制蓝色发光二极管。先绘制一个三角形（即发光二极管的外框），该三角形位于长为 20mil、宽为 10mil 的长方形区域中，绘制完毕，单击鼠标右键即可退出绘制模式，如图 8-42 所示。

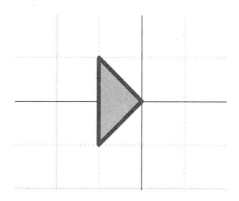

图 8-42　绘制发光二极管的外框

双击图 8-42 中的三角形，弹出如图 8-43 所示的 Polygon 对话框，将填充色（Fill Color）设置为蓝色，将线宽（Border Width）设置为 Small。

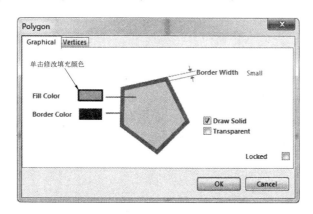

图 8-43　设置发光二极管符号的属性

单击 Fill Color 右侧的按钮，打开 Choose Color 对话框，在 Custom 标签页中输入色值，如图 8-44 所示，在 Red 栏中输入"0"，Green 栏中输入"0"，Blue 栏中输入"255"。单击"OK"按钮，即可将发光二极管符号的填充色修改为蓝色。

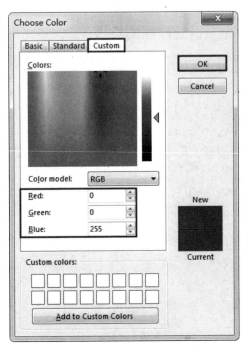

图 8-44　修改发光二极管符号的填充色

按照图 8-45 所示的原理图符号，执行菜单命令 Place→Line 绘制其他直线，执行菜单命令 Place→Polygon 绘制两个小三角形，再对线宽、线色、填充进行相应的修改，即可完成蓝色发光二极管原理图符号的绘制。

2. 设置极性

在绘制完成的蓝色发光二极管元件体的基础上添加引脚。发光二极管有正负极之分，如图 8-46所示，左侧为负极，右侧为正极。

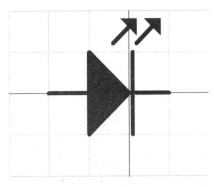

图 8-45　蓝色发光二极管的完整元件体

图 8-46　发光二极管极性示意图

执行菜单命令 Place→Pin，或按快捷键 P+P，然后按 Tab 键设置引脚属性。发光二极管的正极为 A（代表 Anode），在 Pin Properties 对话框中的 Display Name 栏中输入"A"，并取消勾选"Visible"项，在 Designator 栏中输入"1"，同样取消勾选"Visible"项，然后将引脚长度（Length）设置为 10，如图 8-47 所示，最后单击"OK"按钮。正极引脚添加完成的效果图如图 8-48 所示。

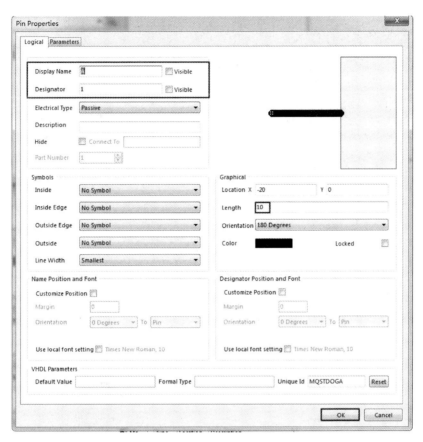

图 8-47　设置蓝色发光二极管正极引脚属性

放置引脚时应注意，带电气特性的一端朝外。

用同样的方法添加发光二极管的负极引脚。发光二极管的负极为 K（代表 Kathode），在 Display Name 栏中输入"K"，在 Designator 栏中输入"2"，添加完引脚的蓝色发光二极管如图 8-49 所示。

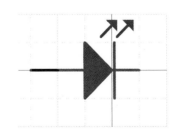

图 8-48　添加蓝色发光二极管的正极引脚

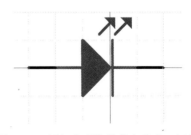

图 8-49　添加完引脚的蓝色发光二极管

3. 添加属性信息

添加蓝色发光二极管的属性信息，首先在立创商城搜索商品编号为 C84259 的元器件，获取相关信息，如图 8-50 所示。

图 8-50　立创商城中蓝色发光二极管的属性信息

参照为电阻添加属性信息的方法，根据上述信息，设置蓝色发光二极管的属性信息，如图 8-51 所示。

图 8-51　添加蓝色发光二极管属性信息步骤一

在 Library Component Properties 对话框中的 Properties 和 Library Link 栏中输入相关信息，如图 8-52 所示。

图 8-52　添加蓝色发光二极管属性信息步骤二

4. 添加 PCB 封装

在 Browse Libraries 对话框中，选择"LED 0805B"，如图 8-53 所示，单击"OK"按钮。

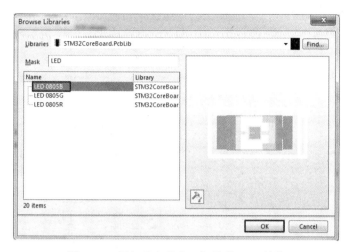

图 8-53　添加蓝色发光二极管的 PCB 封装

添加完蓝色发光二极管的 PCB 封装后，Models 栏如图 8-54 所示。

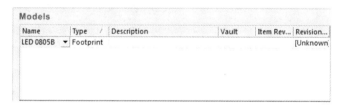

图 8-54　添加完蓝色发光二极管的 PCB 封装

单击"保存"按钮即可完成蓝色发光二极管原理图符号的制作，在 SCH Library 面板中可以看到新建的蓝色发光二极管原理图符号，如图 8-55 所示。

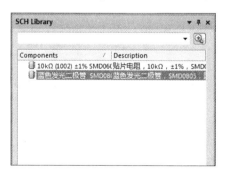

图 8-55　新建的蓝色发光二极管原理图符号

8.3.6　制作简牛原理图符号

1. 绘制元件符号

执行菜单命令 Tools→New Component 新建元器件，在弹出的对话框中输入简牛的名称

"简牛 2.54mm 2＊10P 直"，单击"OK"按钮，完成元器件的创建。为了操作方便，可按快捷键 G 将栅格大小设置为 5，然后执行菜单命令 Place→Rectangle，或按快捷键 P+R，绘制简牛元件体。先单击确定矩形框的左上角，再次单击确定矩形框的右下角，绘制完毕，单击鼠标右键即可退出矩形绘制模式，如图 8-56 所示。简牛元件体的长为 110mil，宽为 90mil。

执行菜单命令 Place→Pin，或按快捷键 P+P，然后按 Tab 键，按照图 8-57 所示，设置简牛 1 号引脚的属性，最后单击"OK"按钮。

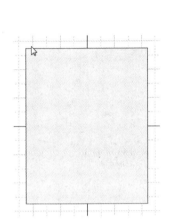

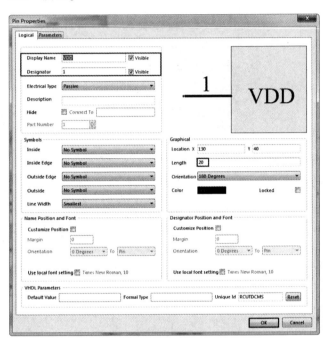

图 8-56　绘制简牛元件体　　　　　　图 8-57　设置简牛 1 号引脚属性

放置引脚时要注意，带有电气特性的一端放在外侧，放置完成图如图 8-58 所示。采用同样的方法添加简牛的其他引脚，添加完所有引脚的简牛如图 8-59 所示。

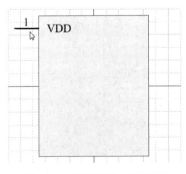

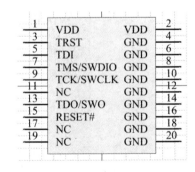

图 8-58　放置简牛 1 号引脚　　　　　图 8-59　添加完引脚的简牛

2. 添加属性信息

接下来，添加简牛的属性信息。首先在立创商城上搜索商品编号为 C3405 的元器件，获取相关信息，如图 8-60 所示。

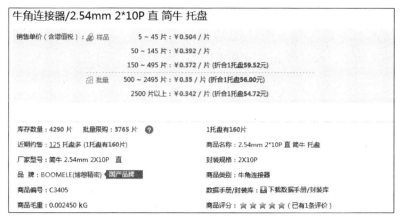

图 8-60　立创商城上的简牛信息

根据立创商城提供的信息，添加简牛的属性信息，如图 8-61 所示。

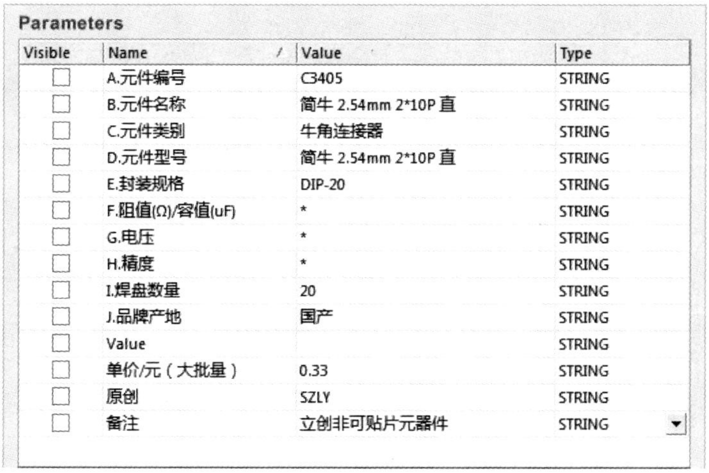

Visible	Name	/	Value		Type
☐	A.元件编号		C3405		STRING
☐	B.元件名称		简牛 2.54mm 2*10P 直		STRING
☐	C.元件类别		牛角连接器		STRING
☐	D.元件型号		简牛 2.54mm 2*10P 直		STRING
☐	E.封装规格		DIP-20		STRING
☐	F.阻值(Ω)/容值(uF)		*		STRING
☐	G.电压		*		STRING
☐	H.精度		*		STRING
☐	I.焊盘数量		20		STRING
☐	J.品牌产地		国产		STRING
☐	Value				STRING
☐	单价/元（大批量）		0.33		STRING
☐	原创		SZLY		STRING
☐	备注		立创非可贴片元器件		STRING

图 8-61　添加简牛属性信息步骤一

在 Library Component Properties 对话框中的 Properties 和 Library Link 栏中输入相关信息，如图 8-62 所示。

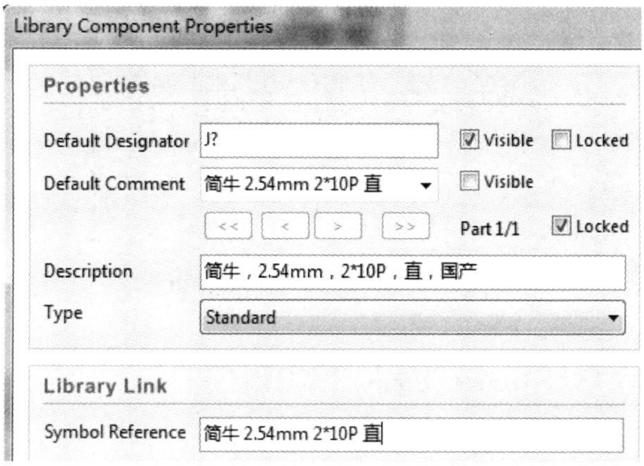

Library Component Properties

Properties

Default Designator　J?　　☑ Visible　☐ Locked

Default Comment　简牛 2.54mm 2*10P 直　　☐ Visible

| << | < | > | >> |　Part 1/1　☑ Locked

Description　简牛，2.54mm，2*10P，直，国产

Type　Standard

Library Link

Symbol Reference　简牛 2.54mm 2*10P 直

图 8-62　添加简牛属性信息步骤二

3. 添加 PCB 封装

在 Browse Libraries 对话框中的 Mask 中输入"＊20"，在 Name 栏中选择"IDC2.54-20P"，如图 8-63 所示，最后单击"OK"按钮。

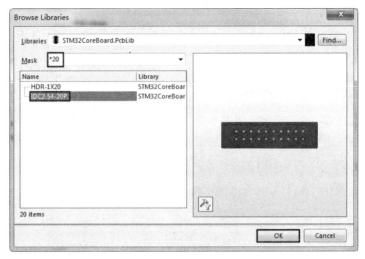

图 8-63　添加简牛的封装

添加完简牛的 PCB 封装后，Models 栏如图 8-64 所示。

图 8-64　完成添加简牛的 PCB 封装

单击"保存"按钮即可完成简牛原理图符号的制作。在 SCH Library 面板中可以看到新建的简牛原理图符号，如图 8-65 所示。

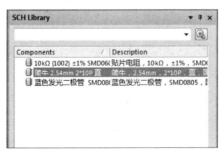

图 8-65　新建的简牛原理图符号

8.3.7　制作 STM32F103RCT6 芯片原理图符号

1. 绘制元件符号

执行菜单命令 Tools → New Component 新建元器件，在弹出的对话框中，输入"STM32F103RCT6"，单击"OK"按钮完成该元器件的创建。为了操作方便，可按快捷键 G

将栅格大小设置为 5，然后执行菜单命令 Place→Rectangle，或者按快捷键 P+R，绘制 STM32F103RCT6 元件体。先单击确定矩形框的左上角，再次单击确定矩形框的右下角，绘制完毕，单击鼠标右键即可退出矩形绘制模式，如图 8-66 所示。STM32F103RCT6 元件体的长为 360mil，宽为 160mil。

执行菜单命令 Place→Pin，或按快捷键 P+P，然后按 Tab 键，按照图 8-67 所示，设置 STM32F103RCT6 芯片的 1 号引脚属性，最后单击 "OK" 按钮。注意，需要勾选 Display Name 栏和 Designator 栏对应的 "Visible" 项。

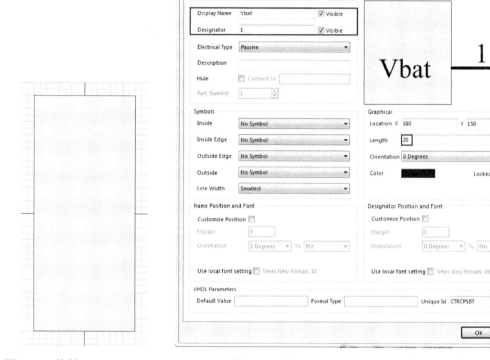

图 8-66　绘制 STM32F103RCT6　　　　　图 8-67　设置 STM32F103RCT6 芯片 1 号引脚属性
　　　　　元件体

放置引脚时要注意，带电气特性的一端放在外侧，依次添加 STM32F103RCT6 的全部引脚，如图 8-68 所示。

2. 添加属性信息

接下来，添加 STM32F103RCT6 的属性信息。在立创商城上搜索商品编号为 C8323 的元器件，获取相关信息，如图 8-69 所示。

根据立创商城提供的信息，添加相关信息，如图 8-70 所示。

在 Library Component Properties 对话框中的 Properties 栏和 Library Link 栏中输入相关信息，如图 8-71 所示。

3. 添加 PCB 封装

打开 Browse Libraries 对话框，在 Mask 栏中输入 "LQFP"，然后在 Name 栏中选择 "LQFP64 10x10_N"，如图 8-72 所示，最后单击 "OK" 按钮。

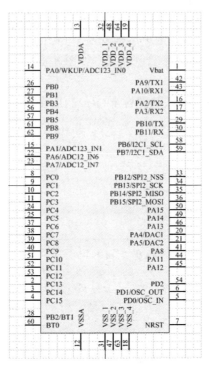

图 8-68　添加完引脚的 STM32F103RCT6

图 8-69　立创商城上的 STM32F103RCT6 信息

Parameters			
Visible	Name	Value	Type
☐	A.元件编号	C8323	STRING
☐	B.元件名称	STM32F103RCT6	STRING
☐	C.元件类别	ST(意法半导体)	STRING
☐	D.元件型号	STM32F103RCT6	STRING
☐	E.封装规格	LQFP64	STRING
☐	F.阻值(Ω)/容值(μF)	*	STRING
☐	G.电压		STRING
☐	H.精度	*	STRING
☐	I.焊盘数量	64	STRING
☐	J.品牌产地	ST(意法半导体)	STRING
☐	Value	*	STRING
☐	单价/元（大批量）	13.04	STRING
☐	原创	SZLY	STRING
☐	备注	立创可贴片元器件	STRING

图 8-70　添加 STM32F103RCT6 芯片属性信息步骤一

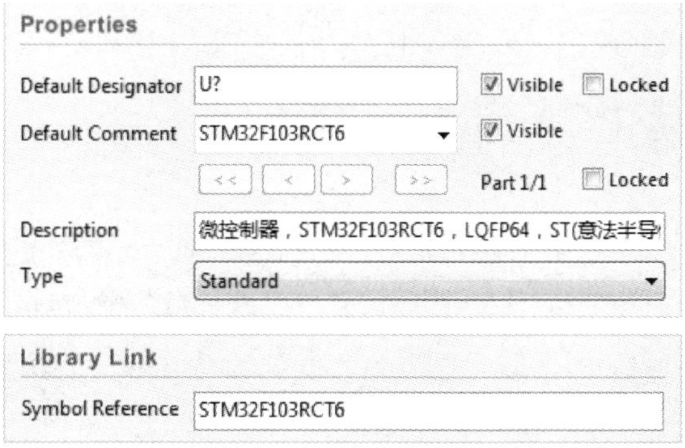

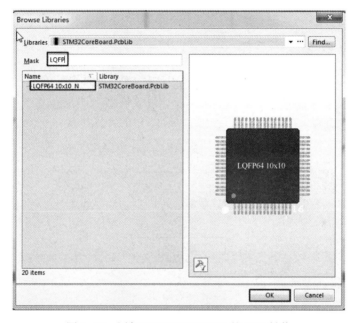

图 8-71　添加 STM32F103RCT6 芯片属性信息步骤二

图 8-72　添加 STM32F103RCT6 的 PCB 封装

单击"保存"按钮即可完成 STM32F103RCT6 原理图符号的制作。在 SCH Library 面板中可以看到新建的 STM32F103RCT6 原理图符号，如图 8-73 所示。

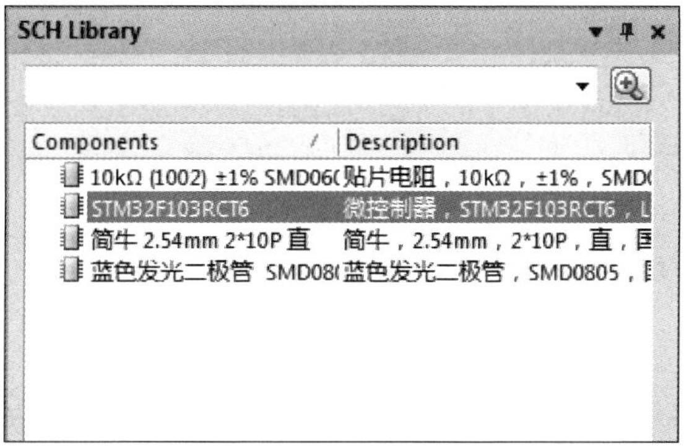

图 8-73　新建的 STM32F103RCT6 原理图符号

8.4　创建 PCB 库

PCB 库（即 PCB 封装库）由一系列元器件的封装组成。元器件的封装在 PCB 上通常表现为一组焊盘、丝印层上的外框及芯片的说明文字。焊盘是封装中最重要的组成部分之一，用于连接元器件的引脚。丝印层上的外框和说明文字主要起指示作用，指明焊盘所对应的芯片，方便电路板的焊接。尽管 Altium Designer 软件提供了大量的 PCB 封装，但是，在电路板设计过程中，仍有很多 PCB 封装无法在库里找到，而且 Altium Designer 软件提供的许多 PCB 封装的尺寸不一定满足设计者的需求。因此，设计者有必要掌握设计 PCB 封装的技能，并能够建立自己的 PCB 库。

8.4.1　创建 PCB 库的流程

创建元器件的 PCB 库的流程（见图 8-74）包括：（1）新建 PCB 库；（2）新建 PCB 封装；（3）添加焊盘；（4）添加外框丝印；（5）添加 3D 封装模型。如果需要在 PCB 库中添加不止一种元器件的 PCB 封装，可以通过重复（2）～（5）的操作来实现。

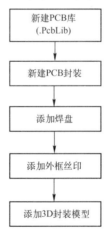

图 8-74　创建元器件的 PCB 库流程

8.4.2　新建 PCB 库

如图 8-75 所示，在 Altium Designer 软件的 Projects 面板中，以鼠标右键单击集成库工程文件"STM32CoreBoard. LibPkg"，在右键快捷菜单中选择 Add New to Project→PCB Library，即可在集成库工程文件中添加一个 PCB 库。

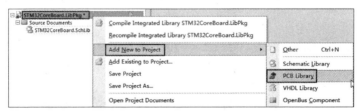

图 8-75　添加 PCB 库

如图 8-76 所示，STM32CoreBoard 集成库工程文件下新增了一个 PCB 库文件，系统默认的文件名为 PcbLib1. PcbLib。为了保持命名一致性，将集成库工程文件、原理图库与 PCB 封装库都统一命名为 STM32CoreBoard，不同类型的库（集成库、原理图库、PCB 封装库）通过后缀来区别，这里将默认的文件名 PcbLib1. PcbLib 改为 STM32CoreBoard. PcbLib。

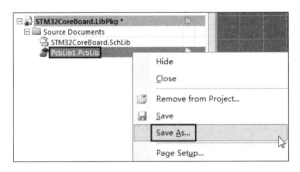

图 8-76　保存 PCB 库步骤一

具体操作是：以鼠标右键单击 PcbLib1. PcbLib 文件，在右键快捷菜单中单击 Save As 命令。在弹出的文件夹路径选择对话框（见图 8-77）中，选择库工程所在的文件夹（D：\STM32Core BoardLib-V1.0.0-20171215）进行保存，将原理图库文件命名为 STM32CoreBoard. PcbLib，然后单击"保存"按钮。

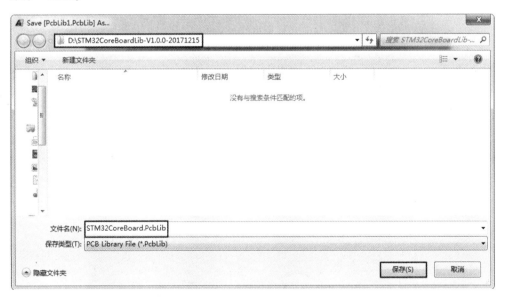

图 8-77　保存 PCB 库步骤二

8.4.3　新建 PCB 封装

在 PCB 库设计界面的右下角，单击"PCB"按钮，在弹出的菜单中单击 PCB Library 命令，如图 8-78 所示。

打开 PCB Library 面板，可以看到系统已经自动创建了一个名为 PCBCOMPONENT_1 的 PCB 封装，如图 8-79 所示。

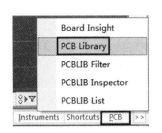

图 8-78　打开 PCB Library 面板

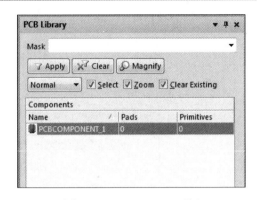

图 8-79　PCB Library 面板

下面介绍如何手动创建一个 PCB 封装。首先，执行菜单命令 Tools→New Blank Component，如图 8-80 所示。

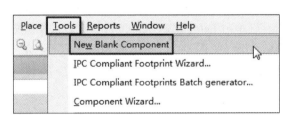

图 8-80　PCB 库中新建元器件步骤一

如果 PCB Library 中已有"PCBCOMPONENT_1"，则新创建的 PCB 封装将自动添加进去并被命名为PCBCOMPONENT_1-duplicate。双击新建的 PCBCOMPONENT_1-duplicate，在弹出的 PCB Library Component 对话框中，输入 PCB 封装名称，例如，这里输入一个电阻的 PCB 封装名称"R 0603"，然后单击"OK"按钮，如图 8-81 所示。

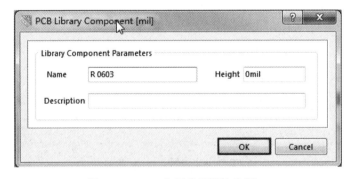

图 8-81　PCB 中新建元器件步骤二

8.4.4　制作电阻的 PCB 封装

电阻（R 0603）只有两个引脚，封装形式简单，封装的命名分为两部分，其中 R 代表 Resistance（电阻），0603 代表封装的尺寸为 60mil×30mil。0603 封装电阻的尺寸和规格如图 8-82、图 8-83 所示。

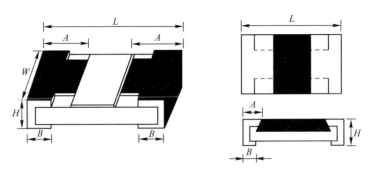

图 8-82　0603 封装电阻的尺寸图

Type	70℃ Power	Dimension （mm）					Resistance Range			
		L	W	H	A	B	0.5%	1.0%	2.0%	5.0%
01005	1/32W	0.40± 0.02	0.20± 0.02	0.13± 0.02	0.10± 0.05	0.10± 0.03	–	10Ω~10MΩ	10Ω~10MΩ	10Ω~10MΩ
0201	1/20W	0.60± 0.03	0.30± 0.03	0.23± 0.03	0.10± 0.05	0.15± 0.05	–	1Ω~10MΩ	1Ω~10MΩ	1Ω~10MΩ
0402	1/16W	1.00± 0.10	0.50± 0.05	0.35± 0.05	0.20± 0.10	0.25± 0.10	1Ω~10MΩ	0.2Ω~22MΩ	0.2Ω~22MΩ	0.2Ω~22MΩ
0603	1/10W	1.60± 0.10	0.80± 0.10	0.45± 0.10	0.30± 0.20	0.30± 0.20	1Ω~10MΩ	0.1Ω~33MΩ	0.1Ω~33MΩ	0.1Ω~100MΩ
0805	1/8W	2.00± 0.15	1.25 +0.15 −0.10	0.55± 0.10	0.40± 0.20	0.40± 0.20	1Ω~10MΩ	0.1Ω~33MΩ	0.1Ω~33MΩ	0.1Ω~100MΩ

图 8-83　0603 封装电阻的规格

下面介绍如何制作 0603 电阻的 PCB 封装。

1. 新建电阻 PCB 封装

在 PCB Library 面板中，参照 8.4.3 节所述，新建一个 PCB 封装，然后双击新建的 PCB 封装，在弹出的 PCB Library Component 对话框中输入电阻的 PCB 封装名称 "R 0603"，然后单击 "OK" 按钮，如图 8-84 所示。接着在 PCB Library 面板中，点选 "R 0603"。

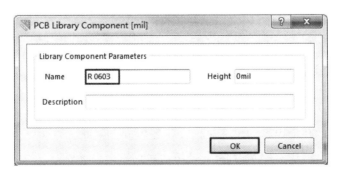

图 8-84　输入电阻 PCB 封装名称

2. 添加焊盘

执行菜单命令 Place→Pad，如图 8-85 所示，或按快捷键 P+P。

此时，指针处出现一个焊盘，说明已进入放置焊盘模式。按 Tab 键，在弹出的 Pad 对话框中，按照图 8-86 所示，设置焊盘的层、编号、大小、形状。需要注意的是，0603 封装电阻焊盘的实际大小为长 0.8±0.1mm、宽 0.3±0.2mm，但在绘制 PCB 封装时，建议将焊盘设置得稍大一些。这里将 0603 封装电阻的属性设置如下：长为 0.9mm，宽为 0.762mm，形状为 Rectangular，焊盘编号（Designator）为 1，且放在 Top Layer 层。最后单击"OK"按钮，即可完成 1 号焊盘的设置。另外，Pad 对话框中的单位 mil 和 mm 可以通过快捷键 Ctrl+Q 进行切换，按 G 键可在弹出的列表中选择栅格大小。

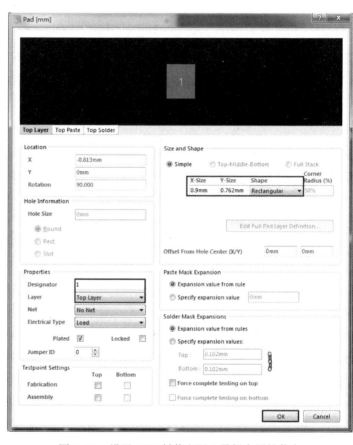

图 8-85　放置 0603 电阻
　　　　　PCB 封装焊盘

图 8-86　设置 0603 封装电阻 1 号焊盘属性信息

　　将 1 号焊盘放置在原点（坐标为（0mil,0mil），符号为⊗）左侧，双击 1 号焊盘，打开 Pad 对话框，在 Location 栏中输 X、Y 的值，即焊盘中心距离原点 0.813mm。按快捷键 Ctrl+M，可以查看两点之间的距离，如图 8-87 所示。

　　由于 0603 电阻的两个焊盘的尺寸相同，位置不同，因此，可通过复制 1 号焊盘，然后更改位置参数来完成 2 号焊盘的放置。具体做法是：单击 1 号焊盘，按快捷键 Ctrl+C 进行复制，此时，指针变成带有十字，指针处即为复制参考点，单击原点，即把原点作为焊盘的复制参考点，然后按快捷键 Ctrl+V 进行粘贴，按 X 键实现焊盘水平方向的翻转，再单击原点，如图 8-88 所示。注意，由于是复制操作，因此两个焊盘的编号都为 1。

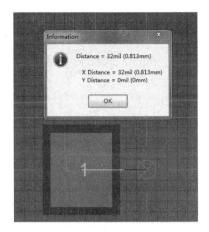

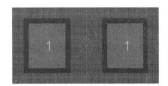

图 8-87　查看两点之间距离　　　　图 8-88　复制 0603 封装电阻 1 号焊盘

　　双击原点右侧的焊盘，在弹出的 Pad 对话框中，将"Designator"改为 2（即将焊盘编号改为 2），其他参数保持不变，然后单击"OK"按钮，如图 8-89 所示。

图 8-89　修改焊盘编号

3. 测量封装尺寸

放置完焊盘后，建议测量其尺寸，确认是否符合要求。具体操作是：先将栅格设置为1mil，即在英文输入法环境下按 G 键，在弹出的菜单中选择"1mil"。然后，按快捷键 Ctrl+M，指针变成带有十字，单击电阻 1 号焊盘的左侧（注意，是红色框的左侧，不是紫色框的左侧）确定起点，再单击电阻 2 号焊盘的右侧确定终点。在弹出的 Information 对话框中可以看到最终的测量结果，如图 8-90 所示，单击"OK"按钮关闭对话框。经过测量后，电阻封装的长度为 2.388mm，而电阻的长度约为 1.7mm，说明该封装比实物大，尺寸是合适的。

4. 添加外框丝印

放置完焊盘后，需要添加外框丝印。由于电阻的外框丝印位于顶层丝印层，因此，先将PCB 工作层切换到 Top Overlay 层，然后执行菜单命令 Place→Line，或按快捷键 P+L，此时指针变成带有十字。按 Tab 键，在弹出的 Line Constraints 对话框中，将线宽设置为 6mil，Current Layer 选择"Top Overlay"，如图 8-91 所示，单击"OK"按钮。

图 8-90　测量电阻封装长度

图 8-91　添加电阻外框丝印步骤一

确定好外框丝印的宽度和层后，即可绘制电阻的外框丝印。首先绘制 1 号焊盘上方的丝印，先单击确定丝印线的起点，再次单击确定丝印线的终点，如图 8-92 所示。绘制完成后，按 Esc 键即可退出当前丝印线的绘制。如果还需要继续绘制其他丝印线，则重复上述操作；如果要退出丝印线绘制模式，再次按 Esc 键即可。

由于电阻 1 号焊盘上方的丝印线和下方的丝印线是对称的，因此可以直接通过复制的方式添加下方的丝印线。具体操作是：点选 1 号焊盘上方的丝印线，按快捷键 Ctrl+C 复制，此时指针变成带有十字，指针处即为复制参考点，单击 1 号焊盘的中心，即把 1 号焊盘的中心作为焊盘的复制参考点，如图 8-93 所示。

图 8-92　添加电阻外框丝印步骤二

图 8-93　添加电阻外框丝印步骤三

然后，按快捷键 Ctrl+V 进行粘贴，再按 Y 键实现丝印线垂直方向的翻转。再单击 1 号焊盘的中心，即可添加完成下方的丝印线，如图 8-94 所示。

接下来，绘制 1 号焊盘左侧的丝印线，如图 8-95 所示。

图 8-94　添加电阻外框丝印步骤四　　　图 8-95　添加电阻外框丝印步骤五

绘制完 1 号焊盘的外框丝印后，单击 1 号焊盘的外框丝印，按快捷键 Ctrl+C，将原点作为复制参考点，然后按 X 键进行水平方向的翻转，再单击原点，即可添加 2 号焊盘的外框丝印，如图 8-96 所示。

5. 添加 3D 封装模型

添加完 PCB 焊盘和外框丝印后，就可以添加 3D 封装模型了。执行菜单命令 Place→3D Body，如图 8-97 所示。在弹出的 3D Body 对话框中，点选 "Generic STEP Model" 项，然后单击 "Embed STEP Model" 按钮，如图 8-98 所示。

图 8-96　添加电阻外框丝印步骤六

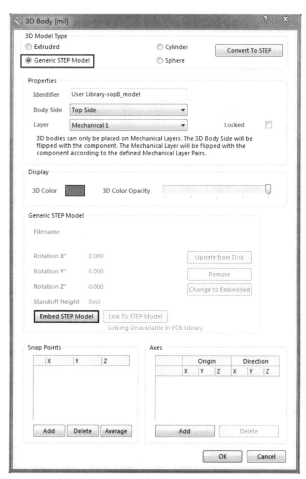

图 8-97　添加电阻 3D 封装模型步骤一　　　图 8-98　添加电阻 3D 封装模型步骤二

在弹出的 Choose Model 对话框中，选择路径"D：\《电路设计与制作实用教程（Altium Designer 版）》资料包\AltiumDesignerLib\3DLib"，单击 0603 电阻的 3D 模型文件（SW3dPS-0603 SMD Resistor. STEP），可以看到电阻的 3D 模型视图。如果未显示，则单击界面右上角的"STEP Preview"按钮右侧的按钮。最后单击"打开"按钮，如图 8-99 所示。

图 8-99　添加电阻 3D 封装模型步骤三

单击 3D Body 对话框右下角的"OK"按钮，将 3D 封装模型放置在合适的位置。当 3D Body 对话框再次弹出时，直接单击"关闭"按钮即可。按主键盘上的"3"键，可以将视图切换到 3D 视图模式，如图 8-100 所示，从图中可以看到，电阻的 3D 封装模型已经放置成功，但仍需调整角度。

双击图 8-100 中电阻的 3D 封装模型，弹出 3D Body 对话框，在 Generic STEP Model 栏中将 Rotation X°改为 90.000，将 Rotation Z°改为 360.000，然后单击"OK"按钮，如图 8-101 所示。

图 8-100　添加电阻 3D 封装模型步骤四

调整后的电阻 3D 封装模型的 3D 视图如图 8-102 所示。

点选 3D 封装模型将其移动到 PCB 焊盘上，如图 8-103 所示。按住"Shift+鼠标右键"可以旋转 3D 视图，按住 Ctrl 键并滚动滚轮可以将其放大或缩小。

按键盘上的"2"键可以从 3D 视图切换到 2D 视图，如图 8-104 所示。最后，单击"保存"按钮，保存制作好的电阻 PCB 封装。

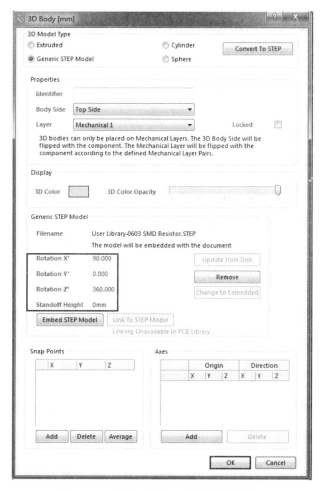

图 8-101　添加电阻 3D 封装模型步骤五

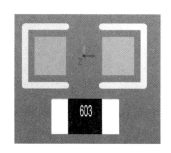

图 8-102　添加电阻 3D 封装模型步骤六

图 8-103　添加电阻 3D 封装模型步骤七

图 8-104　电阻 3D 封装模型在 2D 视图下的效果图

8.4.5　制作蓝色发光二极管的 PCB 封装

蓝色发光二极管的封装尺寸如图 8-105 所示。

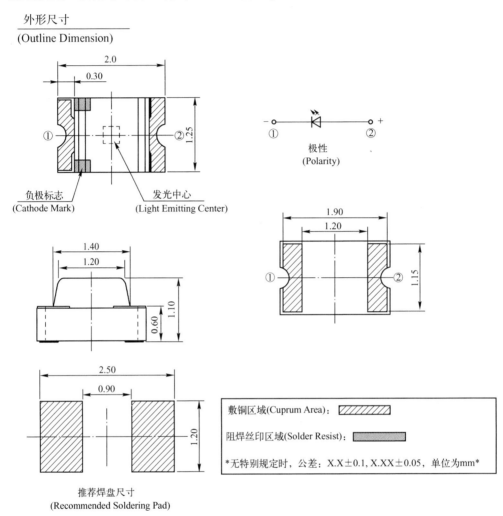

图 8-105　蓝色发光二极管封装尺寸

1. 新建蓝色发光二极管 PCB 封装

首先，在 Altium Designer 软件的 Projects（工程）面板中打开集成库工程文件 STM32CoreBoard. LibPkg，双击"STM32CoreBoard. PcbLib"。然后，执行菜单命令 Tools→ New Blank Component 新建一个元器件，在弹出的如图 8-106 所示的 PCB Library Component 对话框中，输入蓝色发光二极管的 PCB 封装名称"LED 0805B"。其中，LED 表示该封装是发光二极管的封装，0805 表示 PCB 封装的规格为 80mil×50mil，B 表示该发光二极管是蓝色的。

2. 添加焊盘

执行菜单命令 Place→Pad，或者按快捷键 P+P，再按 Tab 键，在弹出的 Pad 对话框中，按照图 8-107 所示，设置焊盘的层、编号、大小、形状。注意，0805 封装发光二极管的焊盘实际大小为：长为 1.150±0.05mm，宽为 0.35±0.05mm。但在绘制 PCB 封装时，建议将焊盘设置得稍大一些。这里将 0805 封装发光二极管的属性设置如下：长为 1.2mm，宽为 0.762mm，形状为 Rectangular，焊盘编号（Designator）为 1，且放在 Top Layer 层，最后单击"OK"按钮即可完成 1 号焊盘的设置。Pad 对话框中的单位 mil 和 mm 可以通过快捷键 Ctrl+Q 进行切换，在英文输入法环境下，按 G 键可以选择栅格的大小。

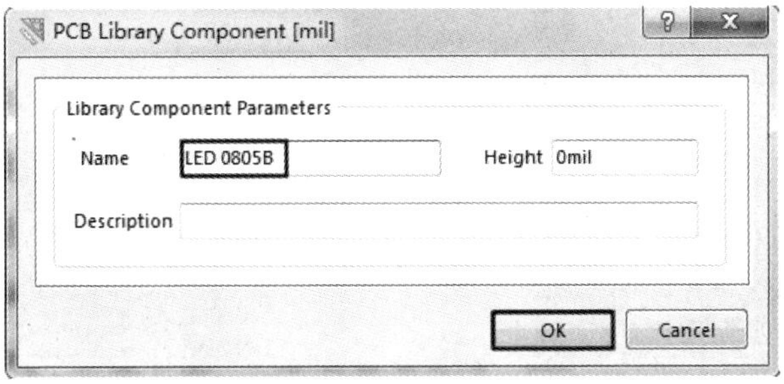

图 8-106　输入蓝色发光二极管 PCB 封装名称

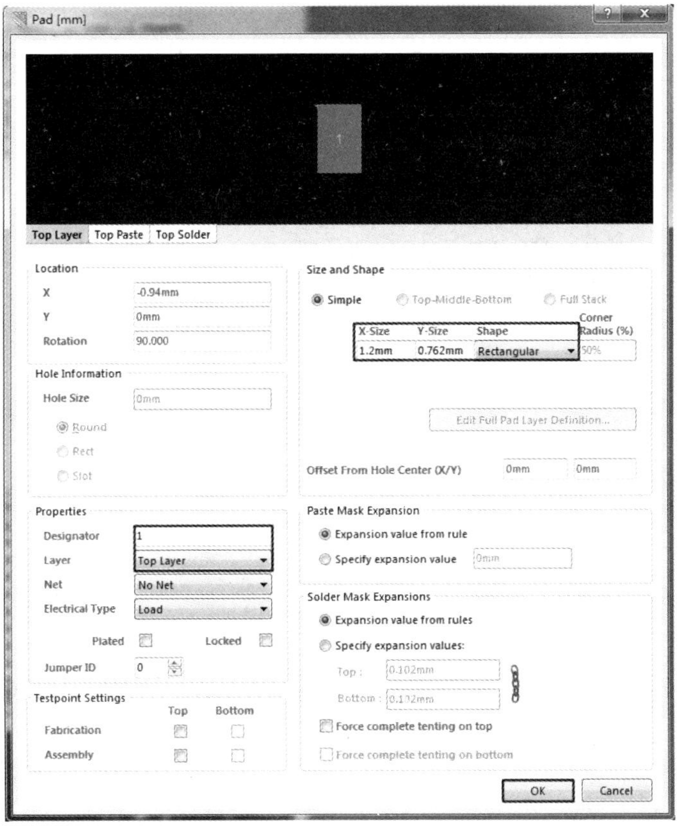

图 8-107　设置 0805 蓝色发光二极管 1 号焊盘属性信息

将 1 号焊盘的中心放置在原点（坐标为（0mil，0mil），符号为⊗）左侧，双击 1 号焊盘，打开 Pad 对话框，在 Location 栏中输入 X、Y 的值，即焊盘中心距离原点 0.94mm。按快捷键 Ctrl+M 可以查看两点之间的距离，如图 8-108 所示。

放置 2 号焊盘的方法是：单击 1 号焊盘，按快捷键 Ctrl+C 复制，将原点选为参考点；因为两个焊盘关于 Y 轴对称，所以可通过按 X 键实现翻转，然后单击参考点（原点）放置焊盘，如图 8-109 所示。

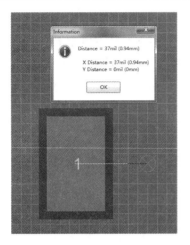

图 8-108　查看两点间的距离

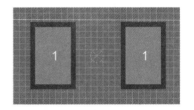

图 8-109　添加 0805 蓝色发光二极管 2 号焊盘

双击原点右侧的焊盘，在弹出的 Pad 对话框中，将 Designator 改为 2，其他参数保持不变，然后单击"OK"按钮，如图 8-110 所示。

图 8-110　修改焊盘编号

3. 添加丝印

蓝色发光二极管的丝印同样位于顶层丝印层。先将 PCB 工作层切换到 Top Overlay 层，然后执行菜单命令 Place→Line，或者按快捷键 P+L。此时，指针变成带有十字，按 Tab 键，在弹出的 Line Constraints 对话框中，将线宽设置为 6mil，Current Layer 选择"Top Overlay"，单击"OK"按钮，完成设置。绘制好的丝印如图 8-111 所示。

执行菜单命令 Place→Solid Region 绘制实体丝印，如图 8-112 所示。

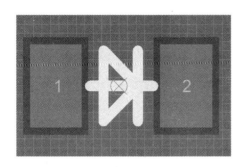

图 8-111　添加蓝色发光二极管　　　　　　图 8-112　添加蓝色发光二极管
　　　　PCB 封装丝印步骤一　　　　　　　　　　　PCB 封装丝印步骤二

填充了实体丝印的效果图如图 8-113 所示。

接下来，绘制蓝色发光二极管的外框丝印，如图 8-114 所示。注意，线宽为 6mil，Current Layer 应选择 "Top Overlay"，且 2 号引脚为负极，负极的右侧有两条竖向丝印线。

图 8-113　添加蓝色发光二极管　　　　　　图 8-114　添加蓝色发光二极管
　　　　PCB 封装丝印步骤三　　　　　　　　　　　PCB 封装丝印步骤四

4. 添加 3D 封装模型

添加 3D 封装模型的具体方法是：执行菜单命令 Place→3D Body，在弹出的 3D Body 对话框中，点选 "Generic STEP Model" 项，然后单击 "Embed STEP Model" 按钮，在弹出的 Choose Model 对话框中，在路径 "D:\《电路设计与制作实用教程（Altium Designer 版）》资料包\AltiumDesignerLib\3DLib" 下，单击 0805 蓝色发光二极管的 3D 封装模型文件（LED 0805B. STEP），可以看到蓝色发光二极管的 3D 封装模型视图。如果未显示，则单击界面右上角 "STEP Preview" 按钮右侧的按钮，最后单击 "打开" 按钮，如图 8-115 所示。

单击 3D Body 对话框右下角的 "OK" 按钮，将 3D 封装模型放置在合适的位置。如果再次弹出 3D Body 对话框，直接单击 "关闭" 按钮即可。通过调整角度和高度，最终确保蓝色发光二极管的 3D 封装模型正好放置在 PCB 封装的中央，且 3D 封装模型的底部正好与焊盘贴合，如图 8-116 所示。

按键盘上的 "2" 键可以从 3D 封装视图切换到 2D 视图，如图 8-117 所示。最后，单击 "保存" 按钮，保存制作好的蓝色发光二极管 PCB 封装。

图 8-115　添加蓝色发光二极管 3D 封装模型步骤一

图 8-116　添加蓝色发光二极管 3D 封装模型步骤二

图 8-117　蓝色发光二极管 3D 封装模型
在 2D 视图下的效果图

8.4.6　制作简牛的 PCB 封装

简牛的封装尺寸如图 8-118 所示。

1. 新建简牛 PCB 封装

在 Altium Designer 软件的 Projects 面板中打开集成库工程文件 STM32CoreBoard. LibPkg，双击"STM32CoreBoard. PcbLib"。然后，执行菜单命令 Tools→New Blank Component 新建一个元器件，在弹出的如图 8-119 所示的 PCB Library Component 对话框中，输入简牛的 PCB 封装名称"IDC2.54-20P"。其中，IDC 表示该封装是插座，2.54 表示 PCB 封装的引脚间距为 2.54mm，20P 表示该插座有 20 个引脚。

2. 添加焊盘

执行菜单命令 Place→Pad，或按快捷键 P+P，在坐标原点放置一个焊盘。双击该焊盘，在弹出的 Pad 对话框中，按照图 8-120 所示，设置焊盘坐标、孔径、层、编号、大小、形状，设置完成后单击"OK"按钮，即可完成 1 号焊盘属性的设置。需要说明以下几点：（1）简牛焊盘的实际大小为 0.64mm×0.64mm，在绘制实际 PCB 封装时，建议将焊盘的内径设置得稍大一些，例如，可将简牛焊盘内径设置为 0.9mm；（2）简牛的焊盘是通孔，因此选择 Multi-Layer 层；（3）将焊盘外径设置为 1.6mm×1.6mm，为了区分 1号引脚与其他引脚，这里将 1 号引脚的焊盘形状设置为 Rectangular，其他引脚的焊盘形状设置为 Round。Pad 对话框中的单位 mil 和 mm 可以通过按快捷键 Ctrl+Q 进行切换，按 G键可选择栅格的大小。

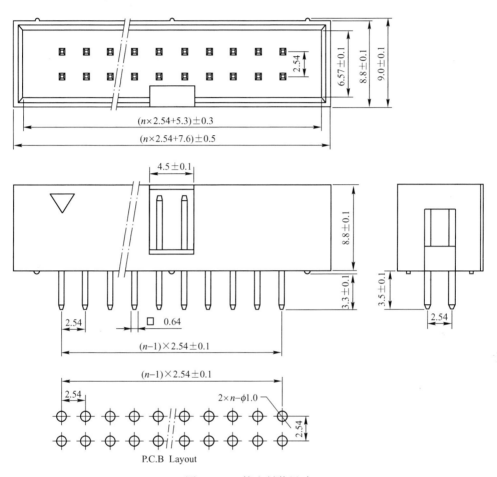

图 8-118　简牛封装尺寸

图 8-119　输入简牛 PCB 封装名称

将 1 号焊盘的中心放置在原点，如图 8-121 所示。

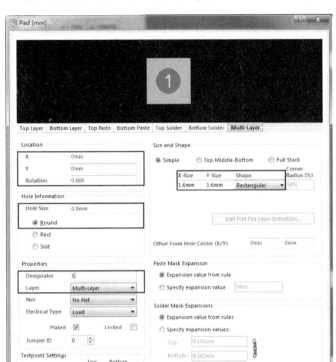

图 8-120　设置简牛 1 号焊盘属性信息　　　　图 8-121　放置简牛 1 号焊盘

执行菜单命令 Place→Pad，或按快捷键 P+P，在 1 号焊盘的上方放置 2 号焊盘。双击 2 号焊盘，弹出 Pad 对话框，设置 2 号焊盘的属性信息，如图 8-122 所示。简牛的两个相邻引脚的间距为 2.54mm，可以通过设置坐标来确定焊盘的位置。将焊盘的形状设置为 Round。除了焊盘的位置、编号、形状，其他参数与 1 号焊盘相同。

按快捷键 Ctrl+M 可查看 1 号焊盘和 2 号焊盘之间的距离。通过实测，其间距为 2.54mm，如图 8-123 所示。

用同样的方法添加其余焊盘，最终的效果图如图 8-124 所示。注意，不要将焊盘的序号、形状和间距设置错。

3. 添加丝印

参照简牛数据手册中的封装尺寸，给简牛添加丝印，添加完成的效果图如图 8-125 所示。注意，简牛的丝印线宽为 15mil，且丝印层位于 Top Overlay 层。

接下来，给简牛封装的四个引脚添加编号丝印。将 PCB 工作层切换到 Top Layer 层，然后执行菜单命令 Place→String，或按快捷键 P+S，或在工具栏中单击 A 按钮，再按 Tab 键，在弹出的 String 对话框中设置字符参数，如图 8-126 所示。在 Text 栏输入引脚编号，Layer 选择"Top Overlay"，将字符高度（Height）设置为 40mil，将字符宽度（Width）设置为 8mil，最后单击"OK"按钮，即可完成设置。

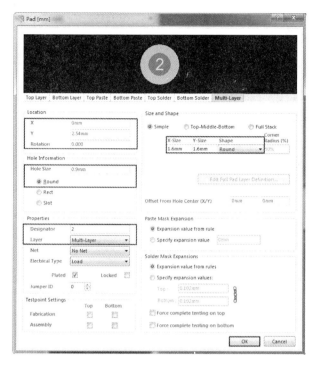

图 8-122　设置简牛 2 号焊盘属性信息

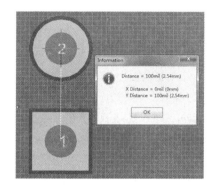

图 8-123　简牛 1 号焊盘和
2 号焊盘之间的距离

图 8-124　添加全部焊盘后的效果图

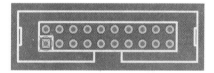

图 8-125　添加简牛顶层丝印步骤一

按照如图 8-127 所示，依次添加引脚 1、2、19 和 20 的编号丝印。

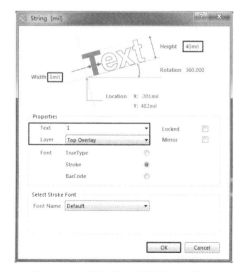

图 8-126　添加简牛顶层丝印步骤二

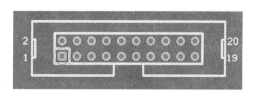

图 8-127　添加简牛顶层丝印步骤三

简牛属于插件，其引脚贯穿电路板，因此，在制作 PCB 封装时，电路板的底层也要添加丝印，主要用于将每个焊盘隔开。绘制完成的简牛底层丝印如图 8-128 所示。注意，简牛的底层丝印线宽同样为 15mil，且丝印层位于 Bottom Overlay 层。

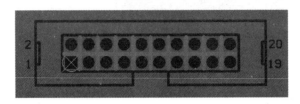

图 8-128　添加简牛底层丝印

4. 添加 3D 封装模型

与添加电阻、发光二极管 3D 封装模型的方法类似，具体操作如下：执行菜单命令 Place →3D Body，在弹出的 3D Body 对话框中，点选"Generic STEP Model"项，然后单击"Embed STEP Model"按钮，在弹出的 Choose Model 对话框中，在路径"D:\《电路设计与制作实用教程（Altium Designer 版）》资料包\AltiumDesignerLib\3DLib"下，单击简牛的 3D 封装模型文件（IDC2.54-20P.STEP），可以看到简牛的 3D 封装模型视图。如果未显示，则单击界面右上角"STEP Preview"按钮右侧的按钮，最后单击"打开"按钮，如图 8-129 所示。

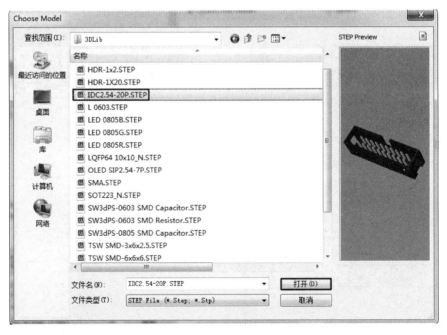

图 8-129　添加简牛 3D 封装模型步骤一

在 3D Body 对话框的右下角单击"OK"按钮，选择一个合适的位置，将 3D 封装模型放置好，并调整合适的角度和高度，如图 8-130 所示。

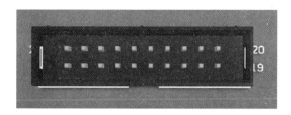

图 8-130　添加简牛 3D 封装模型步骤二

8.4.7　制作 STM32F103RCT6 芯片的 PCB 封装

STM32F103RCT6 芯片的封装尺寸和规格如图 8-131、图 8-132 所示。

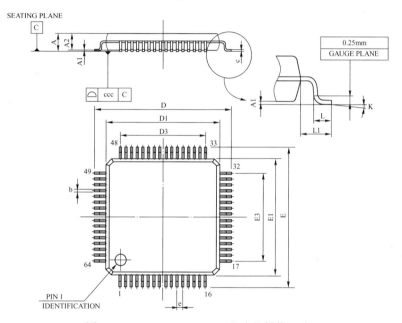

图 8-131　STM32F103RCT6 芯片的封装尺寸

Symbol	millimeters			inches		
	Min	Typ	Max	Min	Typ	Max
A	-	-	1.600	-	-	0.0630
A1	0.050	-	0.150	0.0020	-	0.0059
A2	1.350	1.400	1.450	0.0531	0.0551	0.0571
b	0.170	0.220	0.270	0.0067	0.0087	0.0106
c	0.090	-	0.200	0.0035	-	0.0079
D	-	12.000	-	-	0.4724	-
D1	-	10.000	-	-	0.3937	-
D3	-	7.500	-	-	0.2953	-
E	-	12.000	-	-	0.4724	-
E1	-	10.000	-	-	0.3937	-
E3	-	7.500	-	-	0.2953	-
e	-	0.500	-	-	0.0197	-
θ	0°	3.5°	7°	0°	3.5°	7°
L	0.450	0.600	0.750	0.0177	0.0236	0.0295
L1	-	1.000	-	-	0.0394	-
ccc	-	-	0.080	-	-	0.0031

图 8-132　STM32F103RCT6 芯片的封装规格

相比电阻、蓝色发光二极管和简牛，STM32F103RCT6 芯片的 PCB 封装较为复杂，而且由于该芯片的四边都有引脚，如果按照前面的方法制作 PCB 封装，反而增加了困难。Altium Designer 软件提供一种简便快捷的元件封装制作方法，即使用 PCB 封装向导。下面以 STM32F103RCT6 芯片为例，介绍如何使用 PCB 封装向导制作 PCB 封装。

首先，在 Altium Designer 软件的 Projects（工程）面板中打开集成库工程文件 STM32CoreBoard. LibPkg，双击 "STM32CoreBoard. PcbLib"。然后，执行菜单命令 Tools→ Component Wizard，打开 PCB 封装向导，如图 8-133 所示。

在弹出的 Component Wizard 对话框中，单击 "Next" 按钮，如图 8-134 所示。

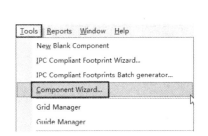

图 8-133　打开 PCB 封装向导　　　　　图 8-134　PCB 封装向导首页

在 Component Wizard 对话框中选择封装样式为 Quad Packs（QUAD），单位为 Metric（mm），然后单击 "Next" 按钮，如图 8-135 所示。

设置焊盘的长为 1.803mm，宽为 0.305mm，如图 8-136 所示，单击 "Next" 按钮。

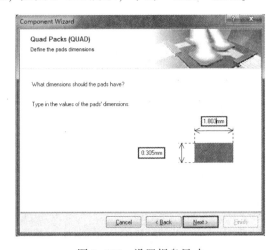

图 8-135　选择封装样式及单位　　　　　图 8-136　设置焊盘尺寸

接下来，将第一个焊盘和其余焊盘的形状均设置为 Round，如图 8-137 所示，然后单击 "Next" 按钮。

将封装的轮廓丝印宽度设置为 0.2mm，如图 8-138 所示，单击 "Next" 按钮。

图 8-137　设置焊盘形状

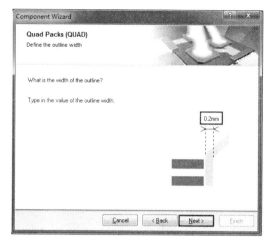

图 8-138　设置丝印线宽

设置焊盘之间的距离，如图 8-139 所示，单击"Next"按钮。

将左上角的焊盘设置为 1 号焊盘，其余焊盘按逆时针的顺序编号，如图 8-140 所示，然后单击"Next"按钮。

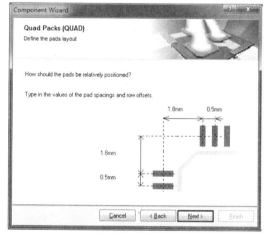

图 8-139　设置焊盘间距

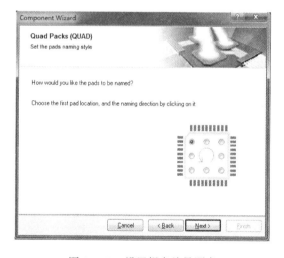

图 8-140　设置焊盘编号顺序

将每边的焊盘数目设置为 16，如图 8-141 所示，单击"Next"按钮。

将 PCB 封装命名为 LQFP64 10x10，如图 8-142 所示，单击"Next"按钮。

单击"Finish"按钮，完成 PCB 封装的制作，如图 8-143 所示。

利用 PCB 封装向导绘制的 LQFP64 10x10 效果图如图 8-144 所示。

接下来，添加 LQFP64 10x10 的丝印。如图 8-145 所示，在 1 号引脚旁添加一个实心圆点和空心圆作为标识，然后每隔 5 个引脚添加一条短竖线，并在 16、32、48 号引脚旁添加编号丝印。添加这些丝印的目的是便于焊接和调试。

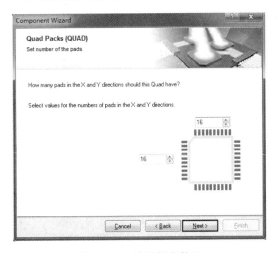

图 8-141　设置焊盘数目

图 8-142　输入 STM32F103RCT6 芯片
的 PCB 封装名称

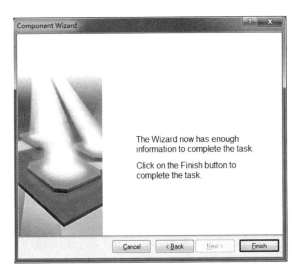

图 8-143　STM32F103RCT6 芯片
的 PCB 封装制作完成

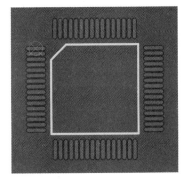

图 8-144　PCB 封装向导制作的
LQFP 10x10 效果图

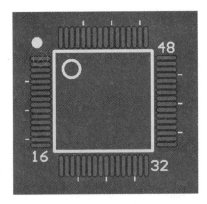

图 8-145　添加 LQFP64 10x10 的丝印

还需要在 Mechanical 13 层和 Mechanical 15 层添加轮廓。在添加之前，先要将这两层设置为使能状态。执行菜单命令 Design→Board Layers & Colors，或按快捷键 L，打开 View Configurations 面板，如图 8-146 所示，先取消勾选"Only show enabled mechanical layer"项，然后，分别勾选 Mechanical 13 和 Mechanical 15 对应的"Enable"项。

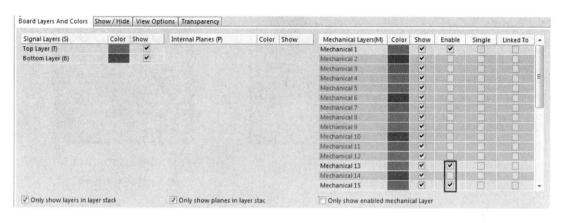

图 8-146　将 Mechanical 13 层和 Mechanical 15 层设置为使能状态

在 Mechanical 13 层添加轮廓，如图 8-147 所示，线宽为 6mil。
在 Mechanical 15 层添加轮廓，如图 8-148 所示，线宽为 4mil。

图 8-147　在 Mechanical 13 层添加轮廓

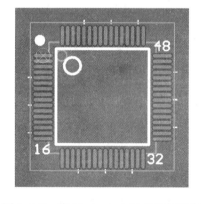

图 8-148　在 Mechanical 15 层添加轮廓

完成 PCB 焊盘和丝印的设计后，即可添加 3D 封装模型。具体方法是：执行菜单命令 Place→3D Body，在弹出的 3D Body 对话框中，点选"Generic STEP Model"项，然后单击"Embed STEP Model"按钮，在弹出的 Choose Model 对话框中，选择路径"D:\《电路设计与制作实用教程（Altium Designer 版）》资料包 \ AltiumDesignerLib \ 3DLib"，单击 STM32F103RCT6 芯片的 3D 封装模型文件（LQFP64 10x10 _ N. STEP），可以看到 STM32F103RCT6 芯片的 3D 封装模型视图，如图 8-149 所示，最后单击"打开"按钮。

在 3D Body 对话框的右下角单击"OK"按钮，将 3D 封装模型放置在一个合适的位置，并调整好角度和高度，如图 8-150 所示。

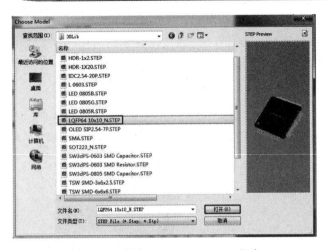

图 8-149　添加 STM32F103RCT6 芯片　　　　图 8-150　添加 STM32F103RCT6 芯片
的 3D 封装模型步骤一　　　　　　　　　的 3D 封装模型步骤二

 ## 8.5　生成集成库

原理图库包含表示元器件的电气性能的图形符号；PCB 库包含在绘制 PCB 图纸时所用的元器件封装；集成库是把原理图库、PCB 库集成在一起的库。生成集成库有三种方式：（1）由集成库工程编译生成；（2）由原理图文件生成；（3）由 PCB 文件生成。

8.5.1　由集成库工程生成集成库

在集成库工程中添加原理图库和 PCB 库文件后，便可直接编译生成集成库。如图 8-151 所示，右键单击"STM32CoreBoard. LibPkg"，在弹出的快捷菜单中单击 Compile Integrated Library STM32CoreBoard. LibPkg 命令，可编译库文件包。

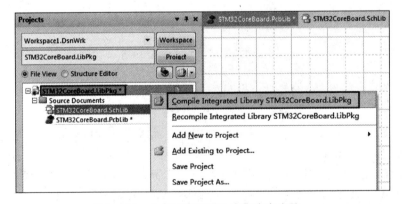

图 8-151　由集成库工程生成集成库步骤一

此时，在保存库文件的文件夹里会自动生成 Project Outputs for STM32CoreBoard 文件夹，如图 8-152 所示。

图 8-152　由集成库工程生成集成库步骤二

打开该文件夹，其中的 STM32CoreBoard. IntLib 文件就是生成的集成库，如图 8-153 所示。

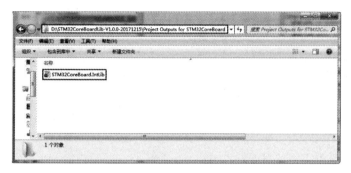

图 8-153　由集成库工程编译生成的集成库

8.5.2　由原理图文件生成集成库

首先，打开一个原理图文件，如 STM32CoreBoard. SchDoc，执行菜单命令 Design→Make Integrated Library，如图 8-154 所示。

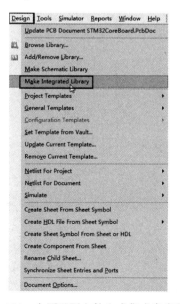

图 8-154　由原理图文件生成集成库步骤一

在弹出的如图 8-155 所示的 Duplicated Components 对话框中，点选"Process only the first instance and ignore all the rest"项，并勾选"Remember the answer and don't ask again"项，然后单击"OK"按钮。

然后，在 Projects 面板中的 STM32CoreBoard. PrjPcb 工程文件下可以看到由原理图生成的集成库 STM32CoreBoard. IntLib，如图 8-156 所示。右键单击"STM32CoreBoard. IntLib"，在快捷菜单中单击 Save 命令即可保存，保存路径可自由设置。

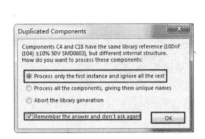

图 8-155　由原理图文件生成集成库步骤二

图 8-156　由原理图文件生成的集成库

8.5.3　由 PCB 文件生成集成库

首先，打开一个 PCB 文件，如 STM32CoreBoard. PcbDoc，执行菜单命令 Design→Make Integrated Library，如图 8-157 所示。

在弹出的如图 8-158 所示的 Duplicated Components 对话框中，点选"Process only the first instance and ignore all the rest"项，并勾选"Remember the answer and don't ask again"项，然后单击"OK"按钮。

图 8-157　由 PCB 文件生成集成库步骤一

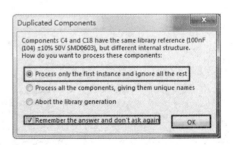

图 8-158　由 PCB 文件生成集成库步骤二

然后，在 Projects 面板中的 STM32CoreBoard. PrjPcb 工程文件下可以看到由 PCB 生成的集成库 STM32CoreBoard. IntLib，如图 8-159 所示。右键单击 "STM32CoreBoard. IntLib"，在快捷菜单中单击 Save 命令进行保存，保存路径可自由设置。

图 8-159 由 PCB 文件生成的集成库

 # 8.6 常见问题及解决方法

8.6.1 将元器件复制到其他原理图库

问题：在电路设计中，常常要使用他人制作好的原理图库中的某些元器件符号，如何将元器件从一个原理图库复制到另一个原理图库？

解决方法：以从本书提供的原理图库中将 "XH-6P 母座" 复制到读者自己建立的原理图库为例来讲解。首先，打开本书提供的原理图库（在路径 "D:\《电路设计与制作实用教程（Altium Designer 版）》资料包\AltiumDesignerLib\SchLib\STM32CoreBoard. SchLib" 下），打开 SCH Library 面板，右键单击 "XH-6P 母座"，在右键快捷菜单中选择 Copy，如图 8-160 所示。注意，按住 Shift 键，依次选中多个元器件可实现批量复制。

图 8-160 复制原理图库中的元器件

读者自己建立的原理图库为 User. SchLib。先打开 User. SchLib 文件，如图 8-161 所示，然后打开目标库的 SCH Library 面板，在空白处单击鼠标右键，在右键快捷菜单中单击 Paste 命令，即可完成元器件从原理图库 STM32CoreBoard. SchLib 到原理图库 User. SchLib 的复制。

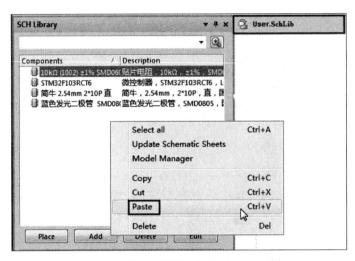

图 8-161　将元器件粘贴到目标原理图库

此时，读者可以在自己的原理图库 User. SchLib 的 SCH Library 面板中看到 "XH-6P 母座"，如图 8-162 所示。

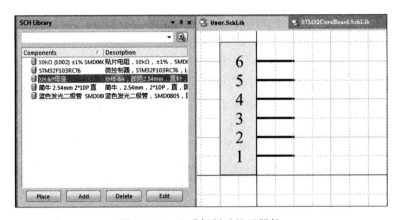

图 8-162　查看复制后的元器件

8.6.2　从原理图库中删除元器件

问题：如何从原理图库中删除元器件？

解决方法：在 SCH Library 面板中选择要删除的元器件，右键单击目标元器件，在右键快捷菜单中，单击 Delete 命令即可删除该元器件，如图 8-163 所示。按住 Shift 键，依次选中多个元器件可实现批量删除。

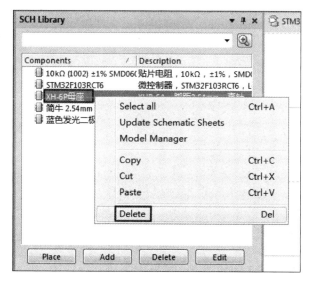

图 8-163　从原理图库中删除元器件

8.6.3　由一张原理图生成其原理图库

问题：如何由一张原理图生成包含其所有元器件的原理图库？

解决方法：打开一个原理图文件，如 STM32CoreBoard. SchDoc，执行菜单命令 Design→ Make Schematic Library，如图 8-164 所示。

在弹出的如图 8-165 所示的 Duplicated Components 对话框中，点选 "Process only the first instance and ignore all the rest" 项，并勾选 "Remember the answer and don't ask again" 项，然后单击 "OK" 按钮。

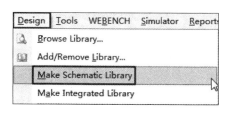

图 8-164　由原理图生成原理图库步骤一

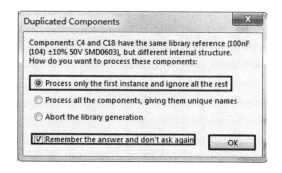

图 8-165　由原理图生成原理图库步骤二

在弹出的 Information 对话框（见图 8-166）中可以看到，已经创建了名为 STM32CoreBoard. SCHLIB 的原理图库，并在库中添加了 25 个元器件，单击 "OK" 按钮 即可。

此时，在 Projects 面板中的 STM32CoreBoard. PrjPcb 工程文件下可以看到由原理图生成 的原理图库 STM32CoreBoard. SCHLIB，如图 8-167 所示。右键单击 "STM32CoreBoard. SCHLIB"，在右键快捷菜单中单击 Save 命令进行保存，保存路径可自由设置。注意，由原 理图生成的原理图库是没有 PCB 封装的。

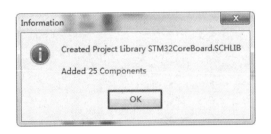

图 8-166　由原理图生成原理图库步骤三

图 8-167　保存已经生成的原理图库

8.6.4　将 PCB 封装复制到其他 PCB 库

问题：在电路设计中，常常要使用他人制作好的 PCB 库中的某些 PCB 封装，如何将 PCB 封装从一个 PCB 库复制到另一个 PCB 库？

解决方法：以从本书提供的 PCB 库中将"XH2.54-6P"PCB 封装复制到读者自己建立的 PCB 库为例来说明。首先，打开本书提供的 PCB 库（在路径"D:\《电路设计与制作实用教程（Altium Designer 版）》资料包\AltiumDesignerLib\SchLib\STM32CoreBoard.PcbLib"下），打开 PCB Library 面板，右键单击"XH2.54-6P"，在右键快捷菜单中单击 Copy 命令，如图 8-168 所示。按住 Shift 键，依次选中多个元器件可实现批量复制。

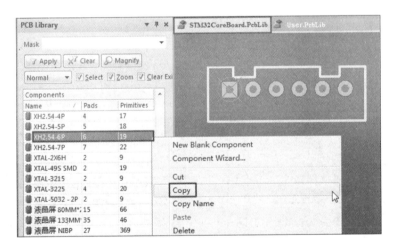

图 8-168　复制 PCB 库中的 PCB 封装

打开读者自己建立的 PCB 库（User.PcbLib），如图 8-169 所示，再打开目标库的 PCB Library 面板，在空白处单击鼠标右键，在右键快捷菜单中单击 Paste 1 Components 命令，即可完成将 PCB 封装从 STM32CoreBoard.PcbLib 到 User.PcbLib 的复制。

此时，读者可以在自己的 PCB 库（User.PcbLib）的 PCB Library 面板中看到"XH2.54-6P"，如图 8-170 所示。

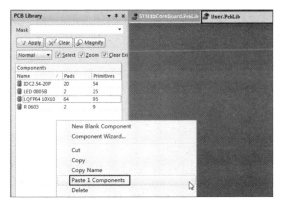

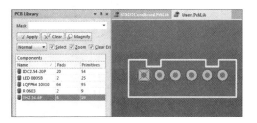

图 8-169　将 PCB 封装粘贴到目标 PCB 库　　　　图 8-170　查看复制后的 PCB 封装

8.6.5　从 PCB 库中删除 PCB 封装

问题：如何从 PCB 库中删除某个 PCB 封装？

解决方法：在 PCB Library 面板中选择要删除的 PCB 封装（如 XH2.54-6P），右键单击目标 PCB 封装，在右键快捷菜单中，单击 Delete 命令即可删除该 PCB 封装，如图 8-171 所示。利用 Shift 键可进行批量删除。

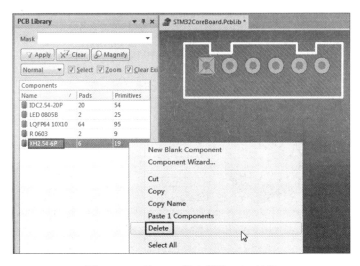

图 8-171　从 PCB 库中删除 PCB 封装

8.6.6　下载元器件的 3D 封装模型

问题：如何下载元器件的 3D 封装模型？

解决方法：电路设计中的绝大多数元器件都可以在一个热门的 3D 封装模型网站（http://www.3dcontentcentral.com.cn/）上找到，下面以查找并下载 0805 封装的电容 3D 封装模型为例来说明。首先，登录网站，注册一个账号。然后，在搜索栏中输入"0805 capacitors"，如图 8-172 所示。

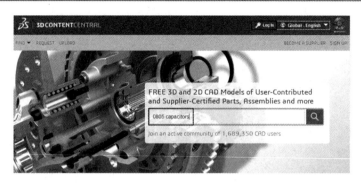

图 8-172　搜索 3D 封装模型

单击 3D 封装模型的名称（0805 SMD Capacitor）可以查看元器件的详细信息，如图 8-173 所示。

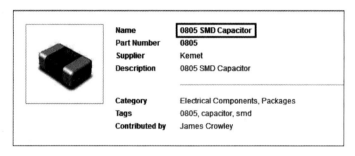

图 8-173　查看元器件信息

选择下载文件格式（Format）为 STEP（＊.step），取消勾选"Remind me to rate this model"项，然后单击"Download"按钮，如图 8-174 所示。

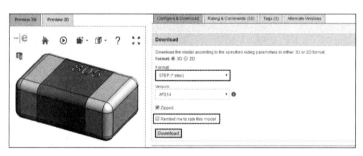

图 8-174　下载 3D 封装模型步骤一

在 Download 对话框（见图 8-175）中单击"0805 SMD Capacitor"按钮，选择合适的保存路径即可开始下载。

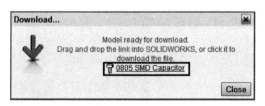

图 8-175　下载 3D 封装模型步骤二

8.6.7　由一个 PCB 文件生成其 PCB 库

问题：如何由一个 PCB 文件生成一个包含其所有 PCB 封装的 PCB 库？

解决方法：首先，打开一个 PCB 文件，如 STM32CoreBoard. PcbDoc，然后执行菜单命令 Design→Make PCB Library，如图 8-176 所示。

此时，在 Projects 面板中的 STM32CoreBoard. PrjPcb 工程文件下可以看到由该 PCB 文件生成的 PCB 封装库 STM32CoreBoard. PcbLib，如图 8-177 所示，右键单击 "STM32CoreBoard. PcbLib"，在快捷菜单中单击 Save 命令保存即可，保存路径可自由设置。

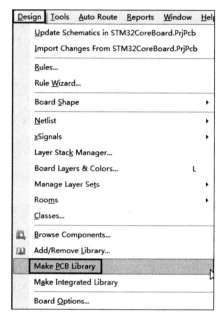

图 8-176　由 PCB 生成 PCB 封装库

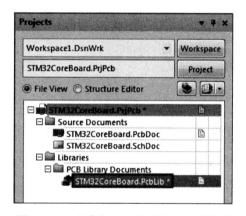

图 8-177　查看由 PCB 生成的 PCB 封装库

 本章任务

完成本章的学习后，能够创建集成库工程，并制作 STM32 核心板上所有元器件的原理图符号和 PCB 封装，最终生成原理图库、PCB 库和集成库。

****

 本章习题

1. 简述集成库的组成。
2. 简述创建原理图库的过程。
3. 简述创建 PCB 库的过程。
4. 简述三种生成集成库的方法。

第9章 输出生产文件

设计好电路板，下一步就是制作电路板。制作电路板包括 PCB 打样、元器件采购和焊接三个环节，每个环节都需要相应的生产文件。本章将分别介绍各环节所需生产文件的输出方法，为第 10 章学习电路板的制作做准备。

学习目标：

➢ 了解生产文件的种类。
➢ 了解 PCB 打样、元器件采购及贴片加工分别需要哪些生产文件。
➢ 掌握 PCB 源文件的输出方法。
➢ 掌握 Gerber 文件的输出方法。
➢ 掌握 BOM 的输出方法。
➢ 掌握丝印文件的输出方法。
➢ 掌握坐标文件的输出方法。

 ## 9.1 生产文件的组成

生产文件一般由 PCB 源文件、Gerber 文件和 SMT 文件组成，而 SMT 文件又由 BOM、丝印文件和坐标文件组成，如图 9-1 所示。

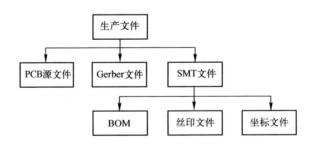

图 9-1 生产文件的组成

进行 PCB 打样时，需要将 PCB 源文件或 Gerber 文件发送给 PCB 打样厂。为防止技术泄露，建议发送 Gerber 文件。

采购元器件时，需要一张 BOM。

进行电路板贴片加工时，既可以给贴片厂发送 PCB 源文件和 BOM，也可以发送 BOM、丝印文件和坐标文件。同样，为了防止技术泄露，建议选择后者。

9.2　PCB 源文件的输出

一种简单直接的方法，是将 PCB 源文件压缩后直接发送给打样厂进行打样。

PCB 源文件的输出比较简单，在路径"D:\STM32CoreBoard-V1.0.0-20171215\Project Outputs for STM32CoreBoard"下，新建一个名为"PCB 文件（STM32CoreBoard-V1.0.0-20171215）"的文件夹，然后将 STM32CoreBoard.PcbDoc 文件复制到该文件夹中即可，如图 9-2 所示。

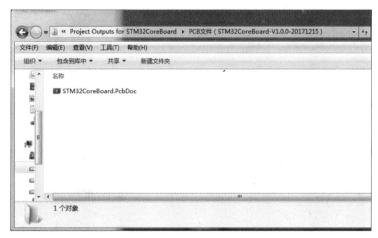

图 9-2　输出 PCB 源文件

9.3　Gerber 文件的输出

Gerber 文件是一种符合 EIA 标准的，由 GerberScientific 公司定义为用于驱动光绘机的文件。该文件把 PCB 中的布线数据转换为光绘机用于生产 1:1 高精度胶片的光绘数据，是能被光绘机处理的文件格式。PCB 打样厂用这种文件来制作 PCB。如果对文件的保密性要求不高，可直接将 PCB 源文件发送给 PCB 打样厂，因为生成 Gerber 文件的过程较烦琐，且有时因生成 Gerber 文件的软件本身存在漏洞，会导致 Gerber 文件出错。但是，Gerber 文件的优点是既能满足打样需求，又能保护 PCB 文件，防止技术泄露。下面介绍 Gerber 文件的输出方法，总共需要进行三次输出。

1. 第一次输出

首先，在 Projects 面板中，双击工程文件 STM32CoreBoard.PrjPcb 中的"STM32CoreBoard.PcbDoc"，使软件切换到 PCB 设计环境下。然后，执行菜单命令 File→Fabrication Outputs→Gerber Files，如图 9-3 所示。

在图 9-4 所示的 Gerber Setup 对话框中，打开 General 标签页，Units（单位）选择"Inches"，即生成的 Gerber 文件所使用的单位是 Inches，Format（格式）选择"2:5"，即生成的 Gerber 文件所使用的数据精度为 0.01mil。

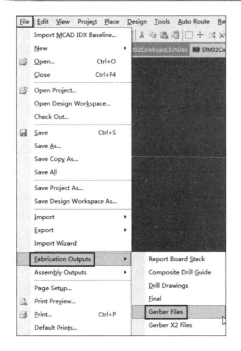

图 9-3　输出 Gerber 文件步骤一

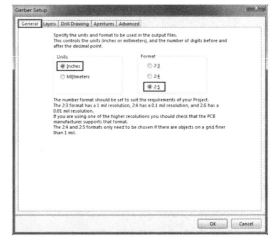

图 9-4　输出 Gerber 文件步骤二

再打开 Layers 标签页，勾选"Include unconnected mid-layer pads"项，如图 9-5 所示。在 Mirror Layers 下拉菜单中，单击 All Off，即可取消所有层的镜像勾选。

在 Plot Layers 下拉菜单中单击 All Off，取消所有层的勾选，如图 9-6 所示。

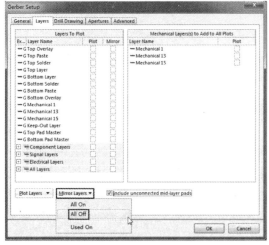

图 9-5　输出 Gerber 文件步骤三

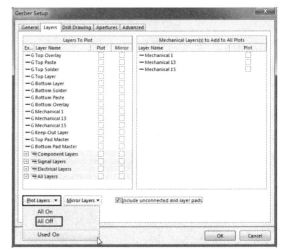

图 9-6　输出 Gerber 文件步骤四

按照图 9-7 所示，依次勾选 13 个层对应的"Plot"项。注意，右侧栏中的机械层都不选。

打开 Drill Drawing 标签页，按照图 9-8 所示进行相应的设置。

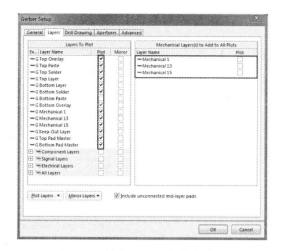

图 9-7　输出 Gerber 文件步骤五

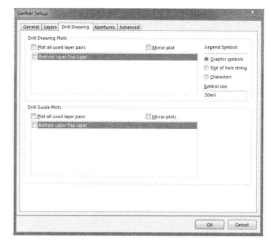

图 9-8　输出 Gerber 文件步骤六

Apertures、Advanced 标签页均保持默认设置，如图 9-9、图 9-10 所示。设置完成后，单击"OK"按钮，进行 Gerber 文件的第一次输出。

图 9-9　输出 Gerber 文件步骤七

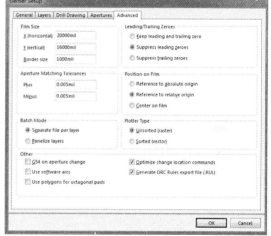

图 9-10　输出 Gerber 文件步骤八

输出完成后，打开 PCB 设计环境下的 Projects 面板，在工程文件 STM32CoreBoard. PrjPcb 中的 Source Documents 目录下，可以看到新增了一个 *.Cam 文件。*.Cam 文件是所有生成的 Gerber 文件的集成，系统会启动 CAMtastic 编辑器打开此文件供浏览，查看后无须保存，关闭即可。

生成的 Gerber 文件被保存在 Project Outputs for STM32CoreBoard 文件夹里，如图 9-11 所示。

2. 第二次输出

在 PCB 设计环境中，执行菜单命令 File→Fabrication Output→NC Drill Files，如图 9-12 所示。

在图 9-13 所示的对话框中，Units 选择"Inches"，Format 选择"2∶5"，单击"OK"按钮完成设置。

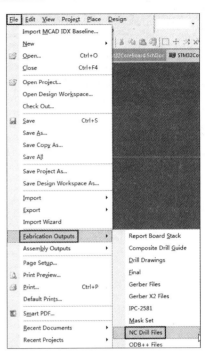

图 9-11　输出 Gerber 文件步骤九　　　　　　　图 9-12　输出 Gerber 文件步骤十

此时，系统弹出如图 9-14 所示的 Import Drill Data 对话框，直接单击"OK"按钮，进行 Gerber 文件的第二次输出。

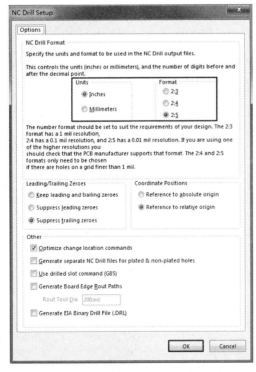

图 9-13　输出 Gerber 文件步骤十一　　　　　　图 9-14　输出 Gerber 文件步骤十二

输出完成后，打开 PCB 设计环境下的 Projects 面板，在工程文件 STM32CoreBoard. PrjPcb 的 Source Documents 目录下，可以看到新增了一个 *.Cam 文件。

第二次生成的文件（STM32CoreBoard. DRR、STM32CoreBoard. LDP 和 STM32CoreBoard. TXT）也都保存在 Project Outputs for STM32CoreBoard 文件夹中，如图 9-15 所示。

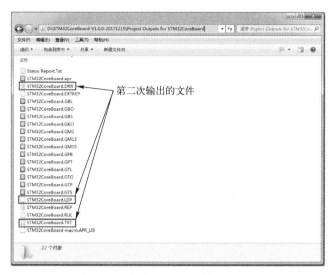

图 9-15　输出 Gerber 文件步骤十三

3. 第三次输出

在 PCB 设计环境下，执行菜单命令 File → Fabrication Opuputs → Gerber Files，如图 9-16 所示。

在图 9-17 所示的 Gerber Setup 对话框中，打开 Layers 标签页，取消勾选"Include un-connected mid-layer pads"项，并在 Plot Layers 下拉菜单中单击 All Off，取消所有层的勾选。在右侧栏中勾选 Mechanical 1 层对应的"Plot"项。

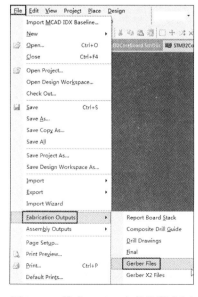

图 9-16　输出 Gerber 文件步骤十四

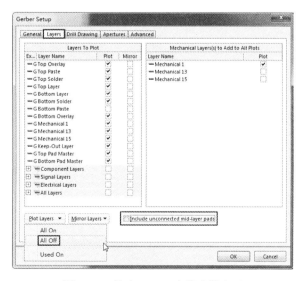

图 9-17　输出 Gerber 文件步骤十五

打开 Drill Drawing 标签页，按照图 9-18 所示进行设置。然后，单击"OK"按钮，进行 Gerber 文件的第三次输出。

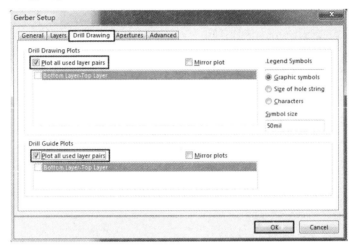

图 9-18　输出 Gerber 文件步骤十六

输出完成后，在工程文件 STM32CoreBoard. PrjPcb 的 Source Documents 目录下，可以看到新增了一个 ∗. Cam 文件。

第三次生成的文件（STM32CoreBoard. GD1 和 STM32CoreBoard. GG1）同样保存在 Project Outputs for STM32CoreBoard 文件夹中，如图 9-19 所示。

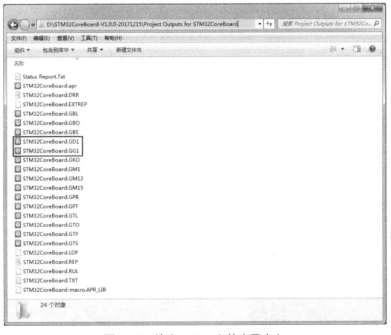

图 9-19　输出 Gerber 文件步骤十七

至此，共输出了 24 个 Gerber 文件。为了便于打样，在 Project Outputs for STM32CoreBoard 文件夹中，新建一个名称为"Gerber 文件（STM32CoreBoard-V1. 0. 0-20171215）"的文件夹，把生成的 24 个 Gerber 文件放入其中，如图 9-20 所示。打样时，可以将此文件夹压缩后直接发送给打样厂。

图 9-20　用于打样的 Gerber 文件

 ## 9.4　BOM 的输出

BOM（Bill of Materials），即物料清单，包含元器件的详细信息（如元件编号、元件注释、元件标识、封装规格等）。通过 BOM 可查看电路板上元器件的各类信息，便于设计者采购元器件和焊接电路板。下面介绍如何通过 Altium Designer 软件生成 BOM。

首先，打开 Projects 面板，单击工程文件 STM32CoreBoard.PrjPcb 中的 STM32CoreBoard.SchDoc 文件，将软件切换到原理图设计环境。然后，执行菜单命令 Reports→Bill of Materials，如图 9-21 所示。

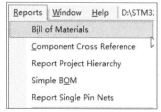

图 9-21　导出 BOM 步骤一

在 Bill of Materials For Project 对话框中，按图 9-22 所示进行设置：（1）在 All Columns 栏中勾选"A. 元件编号"、"Comment"、"Designator"、"Footprint"、"Quantity"和"备注"项。BOM 主要用于采购和焊接元器件，根据"A. 元件编号"、"Comment"、"Footprint"和"备注"信息可在立创商城或淘宝等电子商务平台采购元器件。每块电路板上某种元器件的数量由"Quantity"决定，元器件焊接的位置由"Designator"决定。（2）勾选"Open Exported"项。（3）取消勾选"Relative Path to Template File"项。（4）单击"Export"按钮，导出 BOM。

BOM 导出后，需要进行保存和重命名。建议保存在"D:\STM32CoreBoard-V1.0.0-20171215\Project Outputs for STM32CoreBoard"文件夹中，并命名为"STM32CoreBoard-BOM.xls"。如图 9-23 所示，单击"保存"按钮。

保存后的 BOM 将由已安装在计算机上的 Excel 或 WPS 表格等软件自动打开，如图 9-24 所示。

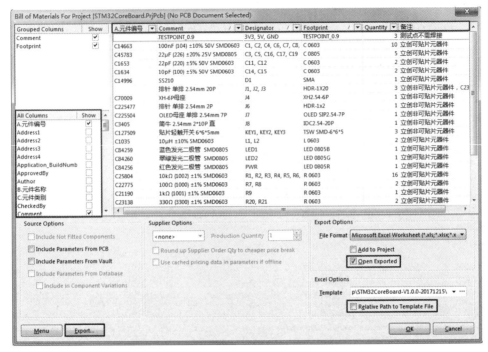

图 9-22　导出 BOM 步骤二

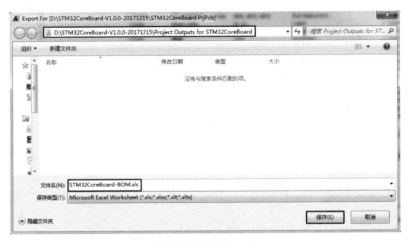

图 9-23　保存 BOM

　　为方便使用，常常需要将 BOM 打印出来。图 9-24 所示的表格并不适于打印，因此，还需要进行规范化处理，具体操作如下。

　　（1）为图 9-24 所示的表格添加页眉和页脚，页眉为"STM32CoreBoard-V1.0.0-20171215-1 套"，包含了电路板名称、版本号、完成日期及物料套数；页脚处添加页码和页数。

　　（2）将表格的第一列设为"序号"列，每种元器件有一个对应的序号，以便于备料时进行元器件编号。

　　（3）在表格的右侧增设"不焊接元件"、"一审"和"二审"三列。为什么要增设"不焊接元件"列？由于有些电路板的某些元器件是为了调试而增设的，还有些元器件只在特定环境下才需要焊接，并且测试点也不需要焊接。因此，可以在"不焊接元件"一列中标注"NC"，表示不需要焊接。增设"一审"和"二审"列是因为，无论是自己焊接电路板，还是送去贴片厂进行贴片，都需要提前准备物料，而备料时常常会出现物料型号不对、物料封装不对、数量不足等问题，为了避免这些问题，建议每次备料时审核两次，特别是使用物料多的电路板。而且，每次审核后都应做记录，即在对应的"一审"或"二审"列打钩。规范的 BOM 如图 9-25 所示。

	A	B	C	D	E	F	G
1	A.元件编号	Comment	Designator	Footprint	Quantity	备注	
2		TESTPOINT_0.9	3V3, 5V, GND	TESTPOINT_0.9	3	测试点不需焊接	
3	C14663	100nF (104) ±10% 50V S	C1, C2, C4, C6, C7, C8, C	C 0603	10	立创可贴片元器件	
4	C45783	22µF (226) ±20% 25V SM	C3, C5, C16, C17, C19	C 0805	5	立创可贴片元器件	
5	C1653	22pF (220) ±5% 50V SMD	C11, C12	C 0603	2	立创可贴片元器件	
6	C1634	10pF (100) ±5% 50V SMD	C14, C15	C 0603	2	立创可贴片元器件	
7	C14996	SS210	D1	SMA	1	立创可贴片元器件	
8	C50981	排针 单排 2.54mm 20P	J1, J2, J3	HDR-1X20	3	立创非可贴片元器件	
9	C70009	XH-6P母座	J4	XH2.54-6P	1	立创非可贴片元器件	
10	C225477	排针 单排 2.54mm 2P	J6	HDR-1x2	1	立创非可贴片元器件	
11	C225504	OLED母座 单排 2.54mm	J7	OLED SIP2.54-7P	1	立创非可贴片元器件	
12	C3405	简牛 2.54mm 2*10P 直	J8	IDC2.54-20P	1	立创非可贴片元器件	
13	C127509	贴片轻触开关 6*6*5mm	KEY1, KEY2, KEY3	TSW SMD-6*6*5	3	立创可贴片元器件	
14	C1035	10µH ±10% SMD0603	L1, L2	L 0603	2	立创可贴片元器件	
15	C84259	蓝色发光二极管 SMD080	LED1	LED 0805B	1	立创可贴片元器件	
16	C84260	翠绿发光二极管 SMD080	LED2	LED 0805G	1	立创可贴片元器件	
17	C84256	红色发光二极管 SMD080	PWR	LED 0805R	1	立创可贴片元器件	
18	C25804	10kΩ (1002) ±1% SMD06	R1, R2, R3, R4, R5, R6, R	R 0603	16	立创可贴片元器件	
19	C22775	100Ω (1000) ±1% SMD06	R7, R8	R 0603	2	立创可贴片元器件	
20	C21190	1kΩ (1001) ±1% SMD060	R9	R 0603	1	立创可贴片元器件	
21	C23138	330Ω (3300) ±1% SMD06	R20, R21	R 0603	2	立创可贴片元器件	
22	C118141	轻触开关 3.6*6.1*2.5 灰头	RST	TSW SMD-3.6*6.1*2.5	1	立创非可贴片元器件	
23	C8323	STM32F103RCT6	U1	LQFP64 10x10_N	1	立创可贴片元器件	
24	C6186	AMS1117-3.3	U2	SOT223_N	1	立创可贴片元器件	
25	C12674	贴片晶振 49SMD 8MHz	Y1	XTAL-49S SMD	1	立创非可贴片元器件	
26	C32346	贴片晶振 SMD3215 32.76	Y2	XTAL-3215	1	立创可贴片元器件	
27							
28							

图 9-24　导出的 BOM 示意图

STM32CoreBoard-V1.0.0-20171215-1套

序	A.元件编号	Comment	Designator	Footprint	Quantity	备注	不焊接元件	一审	二审
1	C14663	100nF (104) ±10% 50V SMD0603	C1, C2, C4, C6, C7, C8, C9, C10, C13, C18	C 0603	10	立创可贴片元器件			
2	C45783	22µF (226) ±20% 25V SMD0805	C3, C5, C16, C17, C19	C 0805	5	立创可贴片元器件			
3	C1653	22pF (220) ±5% 50V SMD0603	C11, C12	C 0603	2	立创可贴片元器件			
4	C1634	10pF (100) ±5% 50V SMD0603	C14, C15	C 0603	2	立创可贴片元器件			
5	C14996	SS210	D1	SMA	1	立创可贴片元器件			
6	C50981	排针 单排 2.54mm 20P	J1, J2, J3	HDR-1X20	3	立创非可贴片元器件，可购买c2337，2.54mm 1*40p 直接针，后加工			
7	C70009	XH-6P母座	J4	XH2.54-6P	1	立创非可贴片元器件			
8	C225477	排针 单排 2.54mm 2P	J6	HDR-1x2	1	立创非可贴片元器件，可购买c2337，2.54mm 1*40p 直接针，后加工			
9	C225504	OLED母座 单排 2.54mm 7P	J7	OLED SIP2.54-7P	1	立创非可贴片元器件，可购买c5303，2.54mm 1*40p 直接母，后加工			
10	C3405	简牛 2.54mm 2*10P 直	J8	IDC2.54-20P	1	立创非可贴片元器件			
11	C127509	贴片轻触开关 6*6*5mm	KEY1, KEY2, KEY3	TSW SMD-6*6*5	3	立创可贴片元器件			
12	C1035	10µH ±10% SMD0603	L1, L2	L 0603	2	立创可贴片元器件			
13	C84259	蓝色发光二极管 SMD0805	LED1	LED 0805B	1	立创可贴片元器件			
14	C84260	翠绿发光二极管 SMD0805	LED2	LED 0805G	1	立创可贴片元器件			
15	C84256	红色发光二极管 SMD0805	PWR	LED 0805R	1	立创可贴片元器件			
16	C25804	10kΩ (1002) ±1% SMD0603	R1, R2, R3, R4, R5, R6, R10, R11, R12, R13, R14, R15, R16, R17, R18, R19	R 0603	16	立创可贴片元器件			
17	C22775	100Ω (1000) ±1% SMD0603	R7, R8	R 0603	2	立创可贴片元器件			
18	C21190	1kΩ (1001) ±1% SMD0603	R9	R 0603	1	立创可贴片元器件			
19	C23138	330Ω (3300) ±1% SMD0603	R20, R21	R 0603	2	立创可贴片元器件			
20	C118141	轻触开关 3.6*6.1*2.5 灰头	RST	TSW SMD-3.6*6.1*2.5	1	立创非可贴片元器件			
21	C8323	STM32F103RCT6	U1	LQFP64 10x10_N	1	立创可贴片元器件			
22	C6186	AMS1117-3.3	U2	SOT223_N	1	立创可贴片元器件			
23	C12674	贴片晶振 49SMD 8MHz	Y1	XTAL-49S SMD	1	立创非可贴片元器件			
24	C32346	贴片晶振 SMD3215 32.768KHz	Y2	XTAL-3215	1	立创可贴片元器件			

第1页，共1页

图 9-25　规范的 BOM 示意图

9.5　丝印文件的输出

PCB 丝印文件包括顶层丝印文件和底层丝印文件，在将电路板和物料发送给贴片厂进行贴片加工时，需要将 PCB 丝印文件和坐标文件一起发送给贴片厂。虽然可以直接将 PCB 源文件发送给贴片厂，但是 PCB 丝印文件和坐标文件的优点是既能满足贴片厂的需求，又能防止技术泄露。下面详细介绍丝印文件的输出方法。坐标文件的输出将在 9.6 节介绍。

首先，单击 Projects 面板中的工程文件 STM32CoreBoard. PrjPcb 下的 STM32CoreBoard. PcbDoc 文件，将系统切换到 PCB 设计环境。然后，执行菜单命令 File→Smart PDF，如图 9-26 所示。

弹出如图 9-27 所示的对话框，单击"Next"按钮。

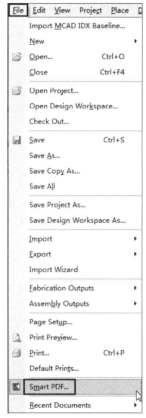

图 9-26　输出丝印文件步骤一　　　　　　　　　图 9-27　输出丝印文件步骤二

在弹出的如图 9-28 所示的对话框中，选中"Current Document（STM32CoreBoard. PcbDoc）"项，输出文件名一栏输入"D：\STM32CoreBoard－V1. 0. 0－20171215\STM32CoreBoard. pdf"，然后，单击"Next"按钮。

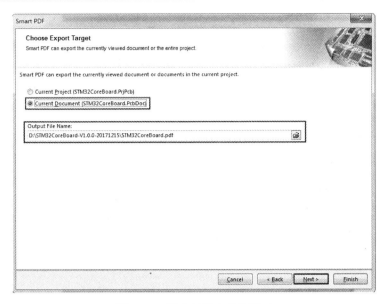

图 9-28　输出丝印文件步骤三

在如图 9-29 所示的对话框中，取消勾选"Export a Bill of Materials"项，然后，单击"Next"按钮。

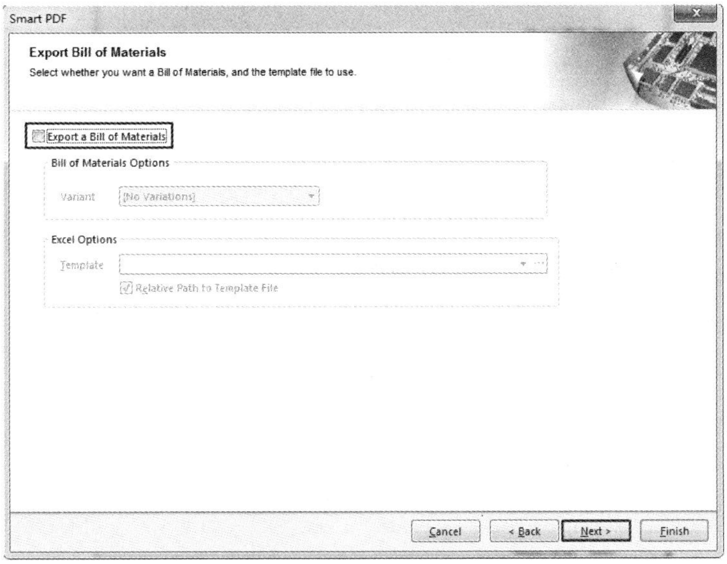

图 9-29　输出丝印文件步骤四

在如图 9-30 所示的对话框中，在矩形框内部单击鼠标右键，在右键快捷菜单中单击 Create Assembly Drawings 命令。

如图 9-31 所示，单击"Yes"按钮。

弹出如图 9-32 所示的对话框，在 Top LayerAssembly Drawing 目录下，右键单击 Top Layer，在右键快捷菜单中单击 Delete 命令。

如图 9-33 所示，单击"Yes"按钮，即可删除 Top Layer。

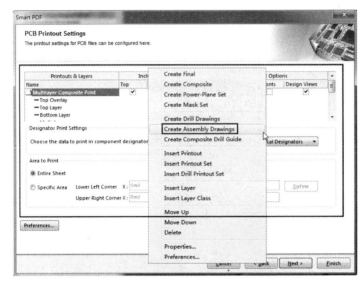

图 9-30　输出丝印文件步骤五

图 9-31　输出丝印文件步骤六

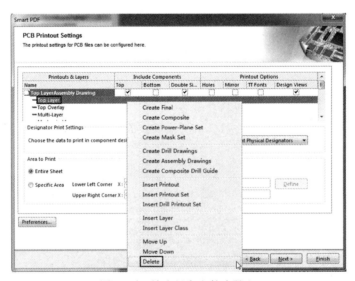

图 9-32　输出丝印文件步骤七

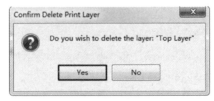

图 9-33　输出丝印文件步骤八

采用删除 Top Layer 的方法，依次删除其他层，使 Top LayerAssembly Drawing 目录下只有 Top Overlay，即顶层丝印层，如图 9-34 所示。然后，右键单击 Top LayerAssembly Drawing，在右键快捷菜单中单击 Insert Layer 命令，准备插入 Keep-Out Layer。

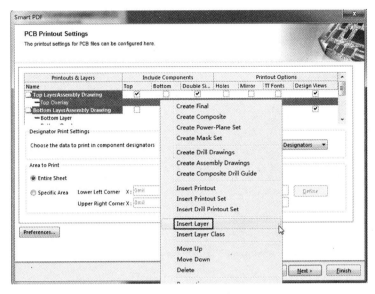

图 9-34　输出丝印文件步骤九

打开 Layer Properties 对话框（见图 9-35），在 Print Layer Type 下拉菜单中选择 Keep-Out Layer。然后，单击"OK"按钮，即可完成 Keep-Out Layer 的添加。

图 9-35　输出丝印文件步骤十

顶层丝印的输出设置完成的界面如图 9-36 所示。

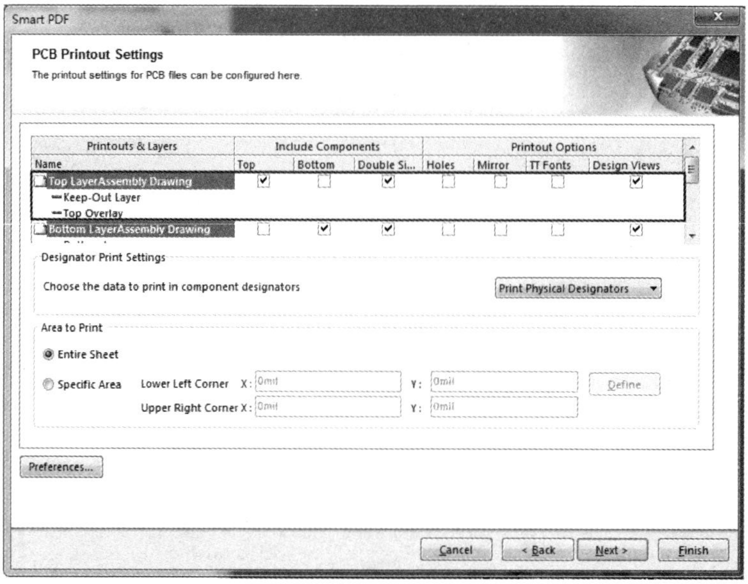

图 9-36　顶层丝印输出设置

底层丝印的输出设置与顶层丝印类似。将 Bottom LayerAssembly Drawing 目录下的其他层删除，只保留 Bottom Overlay（即底层丝印层）。然后，添加 Keep-Out Layer。注意，与顶层丝印的输出设置不同，底层丝印的输出设置必须勾选"Mirror"项，如图 9-37 所示。完成后，单击"Next"按钮。

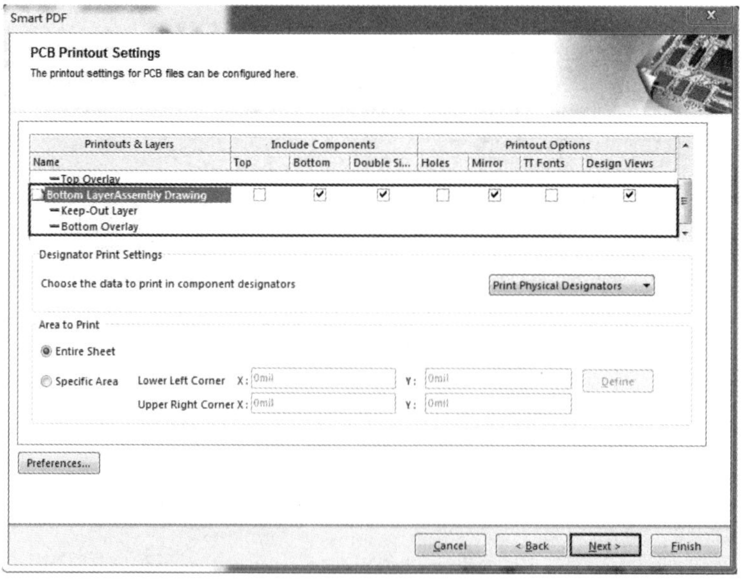

图 9-37　底层丝印输出设置

在如图 9-38 所示的对话框中，选择丝印颜色，这里选 Monochrome，即输出的丝印文件为黑白色。然后，单击"Next"按钮。

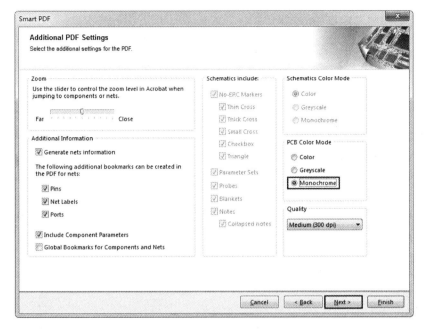

图 9-38　选择丝印颜色

如图 9-39 所示，单击"Finish"按钮，完成丝印文件的输出。

图 9-39　输出丝印文件

STM32 核心板的丝印文件的输出图如图 9-40、图 9-41 所示，其中图 9-40 为顶层丝印文件的输出图，图 9-41 为底层丝印文件的输出图。

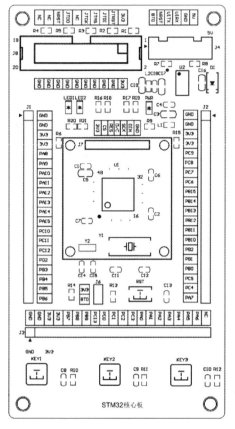

图 9-40　STM32 核心板顶层丝印输出图

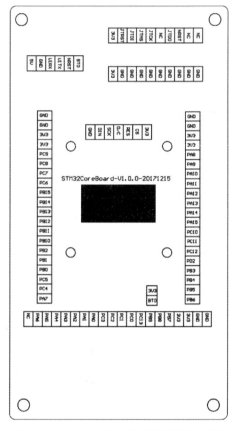

图 9-41　STM32 核心板底层丝印输出图

9.6　坐标文件的输出

发送给贴片厂的除了 PCB 丝印文件，还有坐标文件。9.5 节已经介绍了如何生成 PCB 丝印文件，本节介绍如何生成坐标文件。

首先，在 Projects 面板中，单击工程文件 STM32CoreBoard. PrjPcb 中的 STM32CoreBoard. PcbDoc 文件，将系统切换到 PCB 设计环境。然后，执行菜单命令 File→Assembly Outputs→Generates pick and place files，如图 9-42 所示。

弹出 Pick and Place Setup 对话框，如图 9-43 所示，在 Formats 一栏，勾选"CSV"和"Text"项，即输出的坐标文件既有 CSV 格式的，也有 Text 格式的。在 Units 一栏，选中"Metric"项，即输出的坐标文件为米制单位。最后，单击"OK"按钮完成设置。

此时，在 Project Outputs for STM32CoreBoard 文件夹中可看到生成的两个坐标文件，如图 9-44 所示。

考虑到发送给贴片厂时应将丝印文件、坐标文件和 BOM 一起交付，因此，在 Project Outputs for STM32CoreBoard 文件夹中，新建一个名称为"SMT 文件（STM32CoreBoard-V1.0.0-20171215）"的文件夹，把生成的丝印文件（STM32CoreBoard. pdf）、坐标文件（Pick Place for

STM32CoreBoard.csv 和 Pick Place for STM32CoreBoard.txt）及 BOM（STM32CoreBoard-BOM.xls）一起复制到此文件夹中，如图 9-45 所示。贴片前，可直接将"SMT 文件（STM32CoreBoard-V1.0.0-20171215）"文件夹压缩后发送给贴片厂。

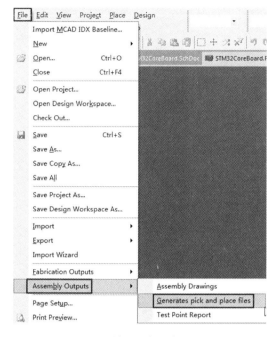

图 9-42　输出坐标文件步骤一

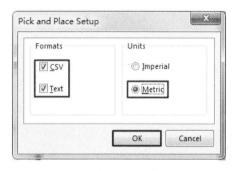

图 9-43　输出坐标文件步骤二

Pick Place for STM32CoreBoard.csv
Pick Place for STM32CoreBoard.txt

图 9-44　输出坐标文件步骤三

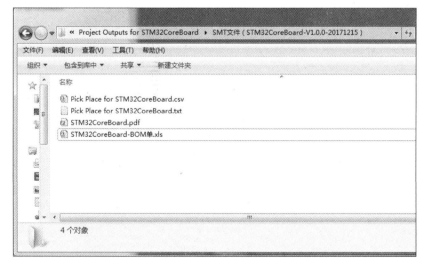

图 9-45　SMT 文件夹

9.7　最终的输出文件

最终的输出文件如图 9-46 所示，包括 Gerber 文件、PCB 文件和 SMT 文件，读者可以根据这些生产文件进行 PCB 打样、元器件采购及贴片加工。

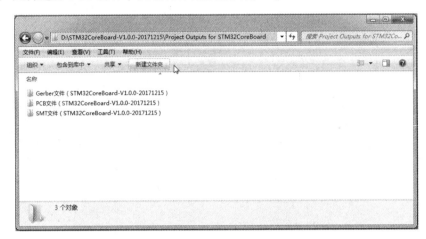

图 9-46　最终的输出文件

 9.8　本章任务

完成本章的学习后，针对自己设计的 STM32 核心板，按照要求依次输出 PCB 文件、Gerber 文件、BOM、丝印文件和坐标文件。

****

 本章习题

1. 生产文件都有哪些？
2. PCB 打样、元器件采购及贴片加工分别需要哪些生产文件？
3. 简述 Gerber 文件的作用。
4. 简述 BOM 的作用。

第 10 章 制作电路板

电路板的制作主要包括 PCB 打样、元器件采购和焊接三个环节。首先，将 PCB 源文件发送给 PCB 打样厂制作出 PCB（印制电路板），然后，购买电路板所需的元器件；最后，将元器件焊接到 PCB 上，或者将物料和 PCB 一起发送给贴片厂进行焊接（也称贴片）。

随着近些年来电子技术的迅猛发展，无论是 PCB 打样厂、元器件供应商，还是电路板贴片厂，如雨后春笋般涌出，不仅大幅降低了制作电路板的成本，还提升了服务品质。很多厂商已经实现了在线下单的功能，不同厂商的在线下单流程大同小异。本章以深圳嘉立创平台为例，介绍 PCB 打样与贴片的流程，以立创商城为例，介绍如何在网上购买元器件。

学习目标：

➢ 掌握 PCB 打样的在线下单流程。
➢ 掌握元器件的购买流程。
➢ 掌握 PCB 贴片的在线下单流程。

10.1 PCB 打样在线下单流程

登录深圳嘉立创网站（http://www.sz-jlc.com），单击首页左上角的"进入 PCB/激光钢网下单系统"按钮，如图 10-1 所示。

图 10-1 PCB 打样在线下单步骤一

需要先注册账户，如果已经注册，可通过输入账号和密码进入到嘉立创客户自助平台。在平台界面左侧单击"PCB 订单管理"按钮，然后单击"在线下单"按钮进入下单系统，如图 10-2 所示。

按图 10-3 所示输入相应参数，单击"下一步"按钮。若设计的 STM32 核心板的尺寸不是 10.9cm×5.9cm，则按照实际尺寸填写。这里制作的是样板，板子数量填 5，也可根据实际需求填写所需板子数量。

图 10-2　PCB 打样在线下单步骤二　　　　图 10-3　PCB 打样在线下单步骤三

接着，在板子工艺参数设置界面中，板子厚度选择 1.6，即 1.6mm，其他保持默认设置，如图 10-4 所示。需要说明的是，阻焊颜色（即电路板颜色）选择绿色，是不需要额外增加费用的，如果选择其他颜色，则需要额外付费。每项工艺的具体说明和注意事项可以通过单击工艺名称旁对应的"?"进行查看。

图 10-4　PCB 打样在线下单步骤四

"三：收费高端个性化服务"和"四：个性化选项"部分可根据实际需求进行选择，如图 10-5 所示。

如图 10-6 所示，根据是否希望由嘉立创进行贴片来选择，如果是自己焊接，则选"不需要"。

在"六：激光钢网选项"部分选择是否需要开钢网。注意，只有将 PCB 送去其他贴片厂才需要开钢网。

若选择需要开钢网，则接下来要选择钢网尺寸。注意，钢网的有效尺寸不能小于电路板的实际尺寸，而钢网尺寸还包括钢网的外框。STM32 核心板的实际尺寸为 5.9cm×10.9cm，所以钢网的有效尺寸可以选择第 2 个，即有效面积为 14.0cm×24.0cm，如图 10-7 所示。

其他选项按照图 10-8 所示设置，最后，单击"确定"按钮。

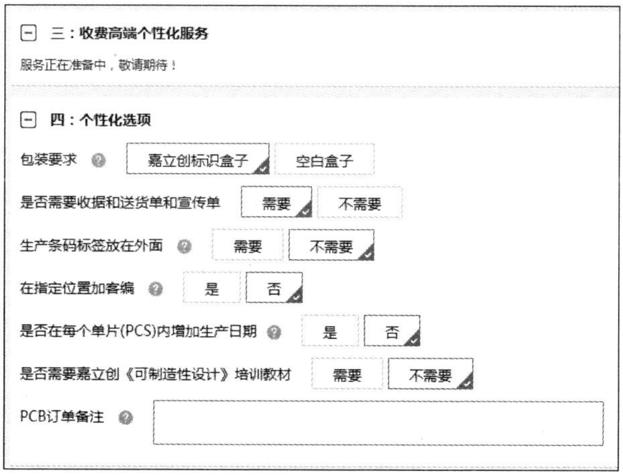

图 10-5　PCB 打样在线下单步骤五

图 10-6　PCB 打样在线下单步骤六

钢网售价信息列表　钢网服务电话：18682123760　联系QQ：

	序号	规格(宽×长,单位:cm)	有效面积(宽×长,单位:cm)	网络支付	快递代收	毛重/个
○	1	37×47	19.0×29.0	55元/个	90元/个	1.5kG
◉	2	30×40	14.0×24.0	53元/个	80元/个	1kG

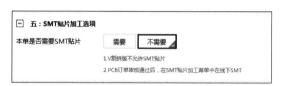

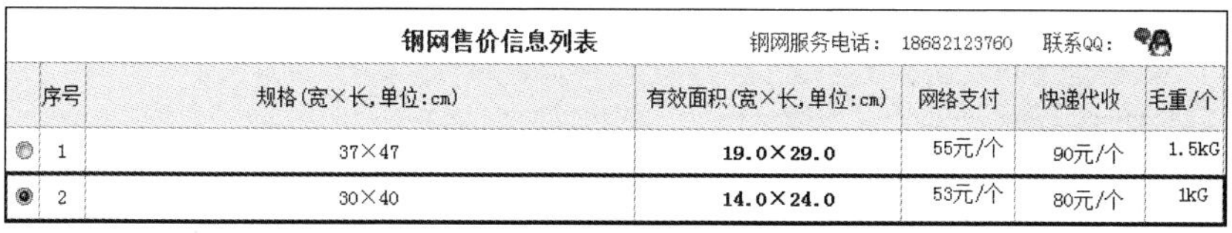

图 10-7　PCB 打样在线下单步骤七

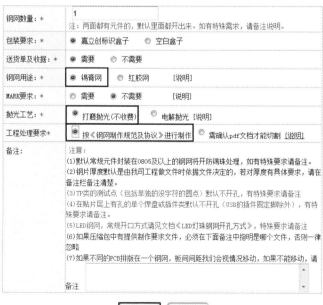

图 10-8　PCB 打样在线下单步骤八

"七：请填写发票及收据信息"部分可根据实际情况填写。在"八：选择本订单收货地址"部分填写收货地址，以及订单联系人和技术联系人的信息。

图 10-9　PCB 打样在线下单步骤九

全部信息填完后，单击"保存计算总价并上传文件"按钮，如图 10-9 所示。

在"上传 pcb 文件"界面的底部，单击"选择文件"按钮，如图 10-10 所示。这里既可以选择 PCB 源文件，也可以选择 Gerber 文件。对于 STM32 核心板，建议上传 PCB 源文件。

图 10-10　PCB 打样在线下单步骤十

在"打开"对话框中，在路径"D:\STM32CoreBoard-V1.0.0-20171215\Project Outputs forSTM32CoreBoard"下，选择"PCB 文件（STM32CoreBoard-V1.0.0-20171215）.zip"压缩包，然后单击界面右下角的"打开"按钮，如图 10-11 所示。

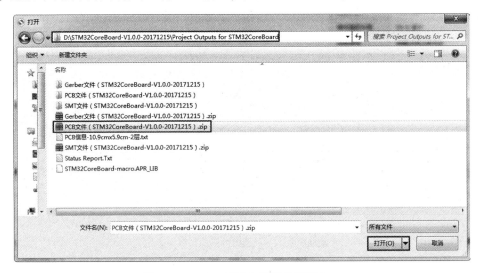

图 10-11　PCB 打样在线下单步骤十一

单击"上传 pcb 文件"按钮，如图 10-12 所示。

图 10-12　PCB 打样在线下单步骤十二

系统弹出如图 10-13 所示的界面，说明 PCB 打样下单成功。

图 10-13　PCB 打样在线下单成功

单击图 10-13 所示界面右下角的"返回订单管理"按钮，系统弹出如图 10-14 所示的订单列表，此时要等待嘉立创的工作人员审核（大概需要几十分钟）。

图 10-14　订单等待工作人员审核

审核通过后，图 10-14 中的灰色"确认"按钮会变成蓝色，单击蓝色的"确认"按钮进行付款即可。

由于嘉立创 PCB 打样在线下单流程会不断更新，本书编者也会持续更新"PCB 打样在线下单流程"，并将下载链接发布在微信公众号"卓越工程师培养系列"上，读者可随时下载。

10.2　元器件在线购买流程

本节介绍如何在立创商城在线购买元器件。第 9 章介绍了如何输出 BOM。由于 BOM 中的"A. 元件编号"与立创商城提供的物料编号一致，因此，读者可以直接在立创商城上通过元件编号搜索对应的元器件。

这里解释一下为什么要采用立创商城提供的编号。众所周知，建立一套物料体系非常复杂，完整的物料体系应具备三个因素：（1）完善的物料库；（2）科学的元器件编号；（3）持续有效的管理。这三者缺一不可，因此，无论是个人还是院校，很难建立自己的物料体系，即使建立了，也很难有效地管理。随着电子商务的迅猛发展，立创商城让"拥有自己的物料体系"成为可能。因为，立创商城既有庞大且近乎完备的实体物料库，又对元器件进行了科学的分类和编号，更重要的是有专人对整个物料库进行细致高效的管理。直接采用立创商城提供的编号，可以有效地提高电路设计和制作的效率，而且设计者无须储备物料，可做到零库存，从而大幅降低开发成本。

图 10-15 所示是 STM32 核心板 BOM 的一部分，完整的 BOM 可参见表 4-2。

下面以编号为 C14996 的二极管 SS210 为例，介绍如何在立创商城购买元器件。

Item	A_元件编号	B_元件名称
1	C14663	100nF（104）±10% 50V 编带
2	C22775	100Ω（1000）±1% 编带
3	C25804	10kΩ（1002）±1% 编带
4	C1634	10pF（100）±5% 50V 编带

图 10-15　BOM 单的元件编号

首先，打开深圳立创商城网站（http://www.szlcsc.com），在首页的搜索栏输入元器件编号（C14996），单击"搜索"按钮，如图 10-16 所示。

图 10-16　根据元件编号搜索元器件

在图 10-17 所示的搜索结果中，核对元器件的基本信息，如元件名称、品牌、型号、封装/规格等，确认无误后，单击"我要买"按钮。后续流程较为简单，这里就不再赘述。需要注意的是，填写采购数量时，要考虑损耗，建议采购比所需数量稍多一些。

当某一编号的元器件在立创商城上显示为缺货时，可以通过搜索该元器件的关键信息购买其他型号或品牌的相似元器件。例如，需要购买"100nF（104）±5% 50V 0603"的电容，

图 10-17　元器件搜索结果

如果村田品牌的暂无库存，可以用风华的替代，如图 10-18 所示。注意，要确保容值、封装等参数相同，否则不可以相互替代。

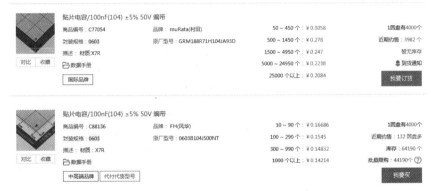

图 10-18　不同品牌元器件

立创商城元器件购买流程会不断更新，本书编者也会持续更新"立创商城元器件购买流程"，并将下载链接发布在微信公众号"卓越工程师培养系列"上，读者可随时下载。

10.3　PCB 贴片在线下单流程

首先，介绍什么是 SMT。SMT 是表面组装技术（Surface Mount Technology）的缩写，也称为表面贴装或表面安装技术，是目前电子组装行业里最流行的一种技术和工艺。它是一种将无引脚或短引线表面组装元器件安装在印制电路板的表面或其他基板的表面上，通过回流焊或浸焊等方法加以焊接组装的电路装连技术。

读者可能疑惑，作为电路设计人员，为什么还需要学习电路板的焊接和贴片？因为硬件电路设计人员在进行样板设计时，常常需要进行调试和验证，焊接技术作为基本技能是必须熟练掌握的。然而，为了更好地将重心放在电路的设计、调试和验证上，也可以将焊接工作交给贴片厂完成。

在普通贴片厂进行电路板的贴片加工，通常都需要开机费，一般从几百到几千不等。对于公司而言，这个费用可能不算高，但是对于初学者而言，这也是一笔不小的费用，毕竟刚开始设计的电路不经过两到三次修改很难达到要求。本书选择嘉立创贴片的原因是没有开机费，也不需要开钢网，可大大节省开发费用，并提高效率。

在 10.1 节中，由于"五：SMT 贴片加工选项"选择的是"不需要"，因此，这里需要单击图 10-19 中的"改为需 SMT"按钮。PCB 订单会重新由嘉立创工作人员审核。如果原本已设置开钢网，则需重新返回 PCB 在线下单。

图 10-19　改为需 SMT

如果在"五：SMT 贴片加工选项"中，选择的是"需要"，则嘉立创工作人员审核完毕后，可直接单击"去下 SMT"按钮，如图 10-20 所示。

图 10-20　去下 SMT

需要注意的是，嘉立创贴片目前只能贴"立创可贴片元器件"，所以直插元器件，如排针、座子等，需要读者自己焊接。

由于嘉立创可贴片元器件清单会不断更新，本书编者也会持续更新"嘉立创可贴片元器件清单"，读者可关注微信公众号"卓越工程师培养系列"，随时下载。

嘉立创可贴片元器件是经过严格筛选的，基本能够覆盖常用的元器件，因此，读者在进行电路设计时，尽可能选择嘉立创可贴片元器件，这样既能减少自己焊接的工作量，又能确保焊接的质量，大大提高电路设计和制作的效率。

在"填写订单 SMT 信息"中，需选择"贴片数量"，一般样板不需要全部贴片，建议选择 2 片即可，如图 10-21所示。

图 10-21　选择贴片数量

接下来，系统会根据上传的 PCB 文件是源文件还是 Gerber 文件而出现不同的界面。

如果上传的是 PCB 源文件，系统会自动生成 BOM 和坐标文件，读者无须上传 BOM 和坐标文件，单击"下一步"按钮即可，如图 10-22 所示。

图 10-22　上传 PCB 源文件之 SMT 下单

如果上传的是 Gerber 文件，则需要上传 SMT 文件夹里的 BOM 和坐标文件，如图 10-23 所示。

图 10-23　上传 PCB Gerber 文件之 SMT 下单

系统会自动对上传的 BOM 进行匹配，然后列出"客户 BOM 清单"。如果发现上传的 BOM 不正确，可以重新上传，如图 10-24 所示，单击"变更 BOM 清单"按钮即可。如果上传的坐标文件不正确，也可以单击"变更坐标文件"按钮重新上传。

一、元器件清单　下载BOM和坐标文件　变更BOM　变更坐标文件

客户BOM		
Comment * 识别为型号	Designator * 识别为位号	Footprint * 识别为封装
100nF (104) ±10% 50V SMD0603	C1,C2,C4,C6,C7,C8,C9,C10,C13,C18	C 0603
100Ω (1000) ±1% SMD0603	R7,R8	R 0603
10kΩ (1002) ±1% SMD0603	R1,R2,R3,R4,R5,R6,R10,R11,R12,R13,R14,R15,R16,R17,R18,R19	R 0603

图 10-24　变更 BOM 或坐标文件

元器件清单中未匹配成功的元器件，除了直插元器件、立创非可贴片元器件、非立创元器件，还有可能是某些立创可贴片元器件。可以进一步通过单击"替换"按钮来手动匹配系统未成功匹配的"立创可贴片元器件"。以红色发光二极管为例，由于 BOM 备注栏显示"立创可贴片元器件"，因此，从图 10-25 中可以看出，红色发光二极管未匹配成功，需单击"替换"按钮。

红色发光二极管 S MD0805	红色发光二极管，S MD0805，国星光电，FC-2012HRK-620D	PWR	LED 0805R	红色发光二极管 S MD0805	2	1	替换
简牛 2.54mm 2*10P 直	简牛，2.54mm，2*10P，直，国产	J8	IDC2.54-20P	简牛 2.54mm 2*10P 直	20	1	替换
蓝色发光二极管 S MD0805	蓝色发光二极管，S MD0805，国星光电，FC-A2012BK-470H2	LED1	LED 0805B	蓝色发光二极管 S MD0805	2	1	替换

图 10-25　替换元器件

接着，系统弹出元器件搜索界面，可通过封装规格、元件类型和关键字，在 SMT 元件列表中进行查询。例如，若搜索红色发光二极管，则封装规格选择"0805"，关键字栏中输入"红"，然后单击"查询"按钮，如图 10-26 所示。

SMT元件列表

| 封装规格：0805 ▾ | 元件类型：请选择 ▾ | 关键字：红 | | | | | | | | 查询 |

选择	库类型	元件编号	元件名称	封装规格	元件类别	当前库存	售价	图片	焊盘数量	品牌产地	备注
○	基础库	C2295	红灯	0805	发光二极管	231000	1-9 个：¥ 0.05199 10-29 个：¥ 0.03899 30-99 个：¥ 0.03661 100-499 个：¥ 0.03422 ≥500 个：¥ 0.03316		2	国产	LED, led, Led

图 10-26　搜索替换元器件

在"选择"栏中，选中匹配正确的元器件，这里选中编号为 C2295 的元器件，在弹出的对话框中单击"是"按钮，即可完成替换，如图 10-27 所示。

BOM 备注栏显示"立创可贴片元器件"的元器件被全部替换完成后，再单击"下一步"按钮，在弹出的"需要您选择有方向（极性）零件的处理方式"对话框中，选择第一项，如图 10-28 所示。接着，系统会弹出贴片图，蓝色为可贴元器件，红色为不可贴元器件。

① 提示

您确定要修改此匹配结果吗？

是　否

图 10-27　确定替换结果

① 需要您选择 有方向（极性）零件的处理方式

⦿ **有极性及方向的器件（二极管、钽电容、三极管、IC等）我完全采用了立创商城的标准封装库，此选项不用另加费用！**　　　下载封装库
　免费声明：如果采用选择了此选项，则嘉立创对二极管、钽电容、三极管、IC不做任何检查，直接生产！
　如果是立创商城的库标引起的极性及方向错误，则嘉立创负全责，如不是则不负任何责任！

○ **有极性的器件（二极管、钽电容、三极管、IC等）我完全是按立创商城做标准，此选项另加费用！**　　　下载标准
　免费声明：如果采用选择了此选项，则嘉立创对二极管、钽电容、三极管、IC不做任何检查，直接生产！
　如果是立创商城的库标引起的极性及方向错误，则嘉立创负全责，如对标准不清楚，则请加QQ:3001269142。

○ **有极性的器件（二极管、钽电容、三极管、IC）由嘉立创工作人员来人工核对极性，另只外加上10元费用！**
　免费声明：嘉立创工作人员会与丝印比对并修改极性，因涉及到极大的工作量，暂时只是增加10元费用，后续还会继续增高到50元。
　此方式虽然你另外增加了费用，但是不确保二极管、钽电容、三极管、IC等的方向及极性一定正确，如果有错误，嘉立创不担任任何责任！

确定　取消

图 10-28　SMT 注意事项之有极性元器件

仔细核对可以贴片的元器件订单，如图 10-29 所示，确认后勾选最后一列的复选框，然后，单击"下一步"按钮。

客户BOM			嘉立创元件库					
*XH	*FZ	*WH	元件名称	封装规格	数量	T层贴装位置	焊点数	元件编号 ☑
蓝灯贴片LED(20-55mcd@2mA)编带	0805	LED1	蓝灯	0805	1	LED1	2	C2293 ☑
红灯贴片LED(Iv=67~195mcd@IF=20mA)编带	0805	PWR	红灯	0805	1	PWR	2	C2295 ☑
100nF(104)±10%50V编带	0603	C1-2,C4,C6-10,C13,C18	100nF(104)±10%50V	0603	10	C1,C2,C4,C6,C7,C8,C9,C10,C13,C18	2	C14663 ☑
100Ω(1000)±1%编带	0603	R7-8	100Ω(1000)±1%	0603	2	R7,R8	2	C22775 ☑
10kΩ(1002)±1%编带	0603	R1-6,R10-19	10kΩ(1002)±1%	0603	16	R1,R2,R3,R4,R5,R6,R10,R11,R12,R13,R14,R15,R16,R17,R18,R19	2	C25804 ☑

图 10-29　核对 SMT 订单

最后，单击"确定下单"按钮就可以完成 SMT 下单，如图 10-30 所示。

订单价格信息

元器件费用：58.06元　　**查看价格明细**

SMT支付费用

工程费（含钢网）	焊盘费	拼版费	钢网费	其它费用	快递代收税费	快递代收附加费用	网络支付税费	快递代收支付总费	网络支付总费
50.00元	3.24元	0.00元	0.00元	0.00元	0.00元	50.00元	0.00元	161元	111元

PCB费用

工程费(快递代收)	板费(快递代收)	拼版费	喷墨费	颜色费	测试费	加急费	大板费	铜厚费	快递支付总费（含钢网）
100元	19.3元	0元	0元	0元	0元	0元	0元	0元	119元

工程费(网络支付)	板费(网络支付)	锣边V割费	半孔费	菲林费	减免费用	其他费用	税费		网络支付总费（含钢网）
50元	13.5元	0元	0元	0元	0元	0元	0元		64元

确定下单　　　返回

图 10-30　SMT 下单完成

同样，嘉立创 SMT 下单流程会不断更新，本书编者也会持续更新"嘉立创 PCB 贴片下单流程"，读者可关注微信公众号"卓越工程师培养系列"，随时下载。

10.4　本章任务

完成本章的学习后，尝试在嘉立创网站完成 STM32 核心板的 PCB 打样下单和 SMT 下单，并尝试在立创商城采购 STM32 核心板无法进行贴片的元器件。建议 PCB 打样 5 块、贴片 2 块、元器件采购 2 套。

****

本章习题

1. 在网上查找 PCB 打样的流程，简述每个流程的工艺和注意事项。
2. 在网上查找电路板贴片的流程，简述每个流程的工艺和注意事项。

附录 STM32 核心板 PDF 版本原理图

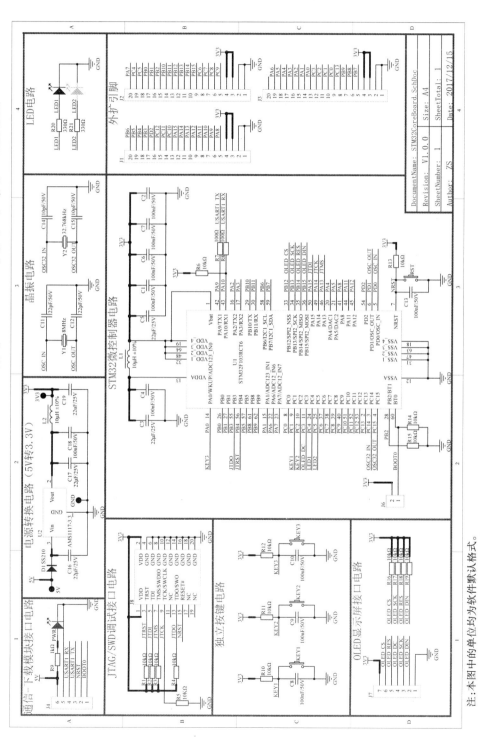

注：本图中的单位均为软件默认格式。

参 考 文 献

［1］郑振宇，林超文，徐龙俊．Altium Designer PCB 画板速成．北京：电子工业出版社，2016.

［2］胡文华，胡仁喜．Altium Designer 13 电路设计入门与提高．北京：化学工业出版社，2013.

［3］周冰．Altium Designer 13 标准教程．北京：清华大学出版社，2014.

［4］黄智伟，黄国玉．Altium Designer 原理图与 PCB 设计．北京：人民邮电出版社，2016.

［5］闫胜利．Altium Designer 实用宝典−原理图与 PCB 设计．北京：电子工业出版社，2007.

［6］赵月飞，胡仁喜．Altium Designer 13 电路设计标准教程．北京：科学出版社，2014.

［7］黄杰勇，林超文．Altium Designer 实战攻略与高速 PCB 设计．北京：电子工业出版社，2015.

［8］何宾．Altium Designer15.0 电路仿真、设计、验证与工艺实现权威指南．北京：清华大学出版社，2015.

反侵权盗版声明

电子工业出版社依法对本作品享有专有出版权。任何未经权利人书面许可，复制、销售或通过信息网络传播本作品的行为；歪曲、篡改、剽窃本作品的行为，均违反《中华人民共和国著作权法》，其行为人应承担相应的民事责任和行政责任，构成犯罪的，将被依法追究刑事责任。

为了维护市场秩序，保护权利人的合法权益，本社将依法查处和打击侵权盗版的单位和个人。欢迎社会各界人士积极举报侵权盗版行为，本社将奖励举报有功人员，并保证举报人的信息不被泄露。

举报电话：(010) 88254396；(010) 88258888

传　　真：(010) 88254397

E-mail：dbqq@ phei. com. cn

通信地址：北京市海淀区万寿路 173 信箱

　　　　　电子工业出版社总编办公室

邮　　编：100036